原子对腔光机械系统中量子特性的优化及调控

韩 燕 著

U0395393

东北大学出版社

·沈 阳·

图书在版编目（CIP）数据

原子对腔光机械系统中量子特性的优化及调控 / 韩
燕著. -- 沈阳 : 东北大学出版社, 2024.7 -- ISBN
978-7-5517-3601-5

Ⅰ. O431.2

中国国家版本馆CIP数据核字第20241DX032号

出 版 者：东北大学出版社
　　　　　　地址：沈阳市和平区文化路三号巷11号
　　　　　　邮编：110819
　　　　　　电话：024-83683655（总编室）
　　　　　　　　　024-83687331（营销部）
　　　　　　网址：http://press.neu.edu.cn
印 刷 者：沈阳市第二市政建设工程公司印刷厂
发 行 者：东北大学出版社
幅面尺寸：170 mm × 240 mm
印　　张：10
字　　数：159千字
出版时间：2024年7月第1版
印刷时间：2024年7月第1次印刷
责任编辑：邱　静
责任校对：项　阳
封面设计：潘正一
责任出版：初　茗

ISBN 978-7-5517-3601-5　　　　　　　　　　定价：68.00元

前 言 Preface

　　腔光机械系统是一种由广义光学谐振腔与广义机械振子构成的系统，其中由光压的作用形成了光学和机械模式之间的相互作用。近年来，随着材料科学研究的不断深入以及加工能力的发展，各种不同结构、材料的腔光机械系统都已经被实验实现，如法布里–珀罗腔、回音壁腔（微球腔、微环腔、微盘腔、微芯环腔）、振动薄膜腔、光子晶体腔及超导微波腔等。这些光机械系统以各自优越的特性成为量子领域研究的热点，并显示出巨大的应用潜力。不同的光机械系统具有不同的振动频率和质量等性质，被应用于很多领域，包括超精细测量、冷却、光学双稳性、量子信息处理等。

　　量子力学应用的广度和深度正在不断地扩展，经典与量子之间的融合也越发明显，这必然推动着腔光机械学领域快速发展。未来，腔光机械系统必将有着更广阔的应用前景及发展。比如新型腔结构的探索，将为进一步厘清微观世界与宏观世界的规律、联系微观—介观—宏观事物提供方便可行的实验平台；非经典量子态的制备，将成为进一步研究量子导航、量子成像、无线量子通信、量子计算机、量子态操控等领域可能的应用场景。

　　本书在撰写过程中借鉴了一些专家学者的研究成果和资料，在此特向他们表示感谢。由于撰写时间仓促，撰写水平有限，书中难免有差错和疏漏之处，恳请读者批评指正，以便改进。

韩　燕

山西科技学院

2024年1月

目 录 Contents

绪　论

近几年来，腔光机械系统引起了人们广泛的关注和极大的兴趣。在共振腔中，受辐射光压驱动的机械振子在本征频率附近振动，从而改变了腔模的频率，引起了光学自由度和机械自由度的耦合，人们把这种具有互相调制和耦合作用的系统称为腔光机械系统（或者光力系统）。随着纳米科学以及半导体工业在材料及工艺上的不断进步，超敏感的机械振子的尺寸可以达到微米甚至纳米尺度。因此，该系统在位移测量和质量探测等高精度测量方面有着重要的应用；并且，该系统有助于认识经典物理与量子力学交界处的物理现象。另外，耦合原子、电子或量子点的腔光机械混合系统有利于控制腔光机械系统、检验基本的量子定律和研究介观或宏观物体的量子效应，例如制备机械振子的压缩态、纠缠态和叠加态等。本书在理论上主要研究了原子与光机械腔耦合的混合系统中的量子效应，以期通过原子的辅助作用提高辐射光压效应和机械振子的压缩性，研究微观原子的相干性与介观（宏观）物体纠缠的关系。研究结果表明，原子的相干性可以诱导两个腔模以及两个可移动镜子分别产生纠缠，有效地抵制环境热噪声对机械振子压缩态的影响和控制两模腔之间的态转移。本书共有10章，其中第3章到第9章是本书主要研究成果。本书具体内容安排如下：

第1章介绍了本书的研究背景及研究意义，概述几种典型的腔光机械系统，介绍了辐射压力的本征模理论、腔光机械系统的本征态及其研究现状，并介绍了本书的主要研究内容和章节安排。

第2章简单介绍有关腔光机械系统的基础知识，主要包括振子库、光腔与机械振子之间的线性耦合和平方耦合。然后，介绍了原子与光场相互作用，以及电磁诱导透明等量子基础知识和处理方法，包括量子朗之万方程、腔场的输入输出理论。

第3章提出利用原子的能级相干性制备双纠缠态的理论方案。考虑受经典场驱动的两模腔光机械系统与级联型三能级原子的相互作用，可以得到两个可移动镜子的纠缠，也可以实现两模腔场的纠缠，还讨论了腔场的输出压缩，入射原子的初态对输出压缩谱的影响。

第4章主要讨论了二能级原子系综如何影响腔光机械系统中的类似电磁诱导透明。首先，分析了耦合原子的腔光机械系统中腔模、机械模及原子的动力学演化，发现通过调节原子的数目，可以有效地调节透明窗口的宽度。其次，通过分析稳态方程，发现增加原子的数目能增强光腔与机械振子之间的有效耦合强度。再次，研究了原子对腔光机械平方耦合系统中电磁诱导透明的影响。通过类似的分析，发现原子的存在增强了吸收谱，从而使得透明更为彻底，同时可以增强薄膜位移的涨落及能量。最后，简单分析比较了原子与腔光机械系统中电磁诱导透明的不同与相似之处。

第5章研究了腔光机械系统中机械振子的压缩。当腔场受到含时泵浦场驱动时，辐射压力使得光腔与机械振子非线性地耦合在一起，在一段时间区域内，机械振子处于压缩态。通过引入二能级原子系综与腔模耦合，发现增加原子的数目可以有效地抑制环境热噪声对机械振子压缩态的影响。还提出了探测此压缩态的可行性实验探测方案。此外，还讨论了具有 N 个机械振子的多模光机系统中两模机械压缩的产生。其中，腔场由时变振幅的外场驱动。分析结果表明：只要选择适当的驱动场，就可以产生任意两个振子的两模压缩态。通过提高驱动场的振幅和增强机械振子与腔场的耦合，可以获得更大的压缩效应。另外，发现机械压缩态也受机械振荡器数量的影响：机械振荡器越多，压缩强度越大。

第6章研究了耦合三能级原子的两模腔光机械系统中不同频率腔模之间的量子态转移。通过分析频域下的量子朗之万方程，剔除原子的动力学演化，可以得到稳态条件下两模腔场的输入输出关系，证明了原子可以控制不同频率两模腔之间的态转移以及脉冲传输时间。

第7章研究了与三能级级联原子耦合的两模光机械腔。本章提出了一种通过引入原子介质来增强光机械振荡器冷却的方案。结果表明，与无原子的情况相比，原子的存在可以导致机械振荡器的有效温度降低。原子的相干性影响了腔内光子的数量，从而导致可移动镜子上辐射压力的变化。同时证明了机械振荡器的冷却还与注入原子的初始状态有关。

第8章基于腔光力系统中腔模和机械模之间具有线性和二次色散耦合的相互作用，研究了二次光力耦合与参量放大器对本征模劈裂的重要影响。通过分析腔场涨落项的输出谱和机械振子位移的涨落谱，得到腔场和机械场均具有本征模劈裂的效应。研究发现，光学参量放大器非线性增益值的大小及二次光力耦合强度均与劈裂谱两峰之间的距离成正比，即二者对本征模劈裂效应具有相似的调控作用。

第9章研究了耦合二能级原子的多模光机械系统。如果驱动泵场与反斯托克斯边带发生共振，则系统处于超辐射状态。在斯托克斯边带及反斯托克斯边带，研究了原子介质如何影响超辐射和集体增益效应的方案。

第10章对原子对腔光机械系统中量子特性的优化及调控的一些最新研究成果做了详细的总结，并对后续的研究工作做了进一步的展望。

1 | 腔光力学背景介绍

本章首先概述本书的研究背景，即光压效应。从光压效应的创立及发展引入本书的研究内容——腔光机械系统。综述了几种典型的腔光机械系统模型及其在国内外理论与实验上的研究进展，介绍了腔光机械系统的应用情况。在本章的最后给出本书的结构安排和研究意义。

1.1 光压效应

人们很难直接感受或者观察到光压效应，然而它却处处存在于日常生活中。对于太阳发出的光，人们比较熟悉的是绿色植物借助太阳光可以进行光合作用，或者太阳光提供热效应。然而太阳光除了具有热效应和为植物提供光合作用之外，还可以产生光压效应。光压是指光照射在物体表面而产生的压力。由于它非常微弱，因此在很长一段时间里，人们未能感受及认识到光压的效应。直到19世纪，著名物理学家麦克斯韦预言当光照射到物体时，光将对其表面产生压力。为了证实光辐射压力的存在，很多物理学家对其进行了研究。1901年，俄国的一位物理学家彼得·尼古拉耶维奇·列别捷夫通过实验首次证实了光压的存在，并且测量到光压的大小。同期，美国物理学家尼科尔斯和哈尔利用精密实验测定了光压。

接下来，从光压的量子理论分析光压的产生机制及大小。麦克斯韦提出：光的本质是电磁波，光子不仅具有粒子性，还具有波动性，即光有波粒二象性。单个光子具有的能量 $E = \hbar\nu$，动量 $p = \hbar\nu/c$（其中，c 是光子的速度，ν 是光子频率，$\hbar$ 代表普朗克常数）。每个光子碰撞到物体表面，产生冲量，即物体对光子产生弹力的作用。根据牛顿第三定律，物体也受到压力的作用。当光照射在物体表面时，假定每秒有 N 个光子撞到物体表面的单位面积上。如果光子垂直撞到物体表面且以大小不变的速度反弹，也就是光子的动量大小不变，方向改变，每个光子的动量变化为 $2\hbar\nu/c$，此时物体表面受到的辐射压为 $2Np$，即 $2N\hbar\nu/c$ 根据光压量子理论，可以计算光对物体表面所施加的压力大小。假设阳光照射在 $1~m^2$ 的黑体上，此黑体可以完全吸收所照射的阳光，黑体所受到的压力为 $4.7 \times 10^{-6}~N$。再比如，100 万烛光形成的光源，距离其 1 m 处的镜面所受到的光压为 $10^{-5}~N/m^2$。与标准大气压（$10^5~N/m^2$）相比，阳光所引起的压力完全可以被忽略，因此，在很长一段时间里，人们认为光压几乎没有实际应用。

在发明高功率的激光之后，人们才渐渐地认识到光压的应用。20 世纪 80 年代，A. Ashkin 成功地实现了利用光压操纵微观粒子[1]，随后他及其它学者利用光压效应因禁微米到纳米尺度的粒子[2]。借助光压效应捕陷和操纵物体粒子的技术在科学的各个领域中都具有极高的应用价值。例如，在生物中，可以操纵生物粒子从而产生光钳。这可以应用于筛选细胞、遗传学研究、显微操作和加工细胞等。在物理中，可以用于操纵纳米级机器人和冷却。Steven Chu 等人利用激光制冷技术将原子最终冷却到 nK 数量级，由于这个杰出贡献，他们获得了 1997 年的诺贝尔物理学奖。到目前为止，人们仍然利用激光的辐射压力捕获、操纵和冷却原子。激光制冷技术使得很多理论研究的实现成为可能，其中包括光学原子钟，精确测量引力场和探测俘获原子气体中的量子特征。光压的效应不仅对微观量级的物体具有应用价值，在大尺度范围仍然表现出极大的作用。对于不存在阻力的太空环境中，微弱的光压对航天器的飞行可以产生很大影响。因此，光压效应作为动力推动航天器的航行。人类第一艘太阳帆飞船"宇宙一号"如图 1.1 所示。当光照射在太阳帆表面，光子对它产生压力，太阳帆从零重力的宇宙空间中获得动力。太阳帆的面积越大，飞行器获得的推力也就越大，同时，当飞行器越靠近太阳时，光压效应越强烈。值得一提的是，太阳帆可以从任何恒星得到光压，推动飞行器航行在恒星之间。太阳帆的实现在人类航空历史上具有重要的影响，并为以后光压的发展奠定了基础。

图1.1 太阳帆飞船"宇宙一号"（图片来源：百度百科）

1.2 腔光机械系统

光学腔和力学结合在一起的一门科学，称为腔光力学。光作用在宏观或介观物体表面的辐射压力非常微弱，人们利用由共振腔（或者微腔）增强的光场来提高光压效应。也就是说，向腔中引入光力效应。然而，光学腔与光力模的结合需要依赖具体的物理系统，典型的系统是法布里–帕罗腔光机械系统。例如，在一个固定的镜子和一个可移动镜子组成的法布里–帕罗腔中，如图1.2所示，光子在两个镜子之间多次往返运动，腔中建立了光场，因此光子作用在可移动镜子上的光压被大幅度地增强。20世纪80年代，德国慕尼黑马普研究院的量子光学研究所的A. Dorsel及其合作者对辐射压力的观察做出先驱工作[4]。早在1967年，Braginsky等完成了微波域上的机械实验，他们在著作中指出，机械系统可适用于弱力测量[5-6]。

图1.2 法布里-帕罗腔光机械系统[3]

1.2.1　腔光机械系统模型

随着近来实验和理论的发展，腔光机械系统成为一个新兴的研究领域。辐射压力可以诱导产生光学自由度和力学自由度耦合。在这样的耦合系统中，微波腔、微波谐振子、纳米振子或光腔的参数需要满足以下条件：

① 低损耗，即高品质因子的光腔和高品质的机械振子同时存在于光机械系统中。

② 低形状系数，即缩小模型的体积，使得光力在机械系统中起主导作用。

在实验中，人们已经实现了这种双高品质因子的腔光机械系统。按照频率划分，腔分为微波腔和光学腔两大类。基于微波腔，人们在实验中实现了微波腔光机械系统。根据不同囚禁光的方式，人们又将光学腔分为三类：法布里–帕罗腔、回音壁模式微腔和半导体光子晶体腔。借助光学腔，多种类的腔光机械系统也在实验中得到了实现和应用。例如，光子晶体腔[7-10]、圆盘光腔[11-12]、环形腔[13-18]、薄膜[19-21]、玻色–爱因斯坦凝聚腔[22-24]等机械系统。为了很好地理解光学腔和光力模的耦合，接下来，介绍几种典型的实验中所实现的腔光机械系统。

（1）法布里–帕罗腔光机械系统

法布里–帕罗腔是一个典型的光学器件，它由平行放置的经过仔细抛光的两个铌球镜面构成。图 1.2 是法布里–帕罗腔光机械系统示意图。左边的腔镜固定不动，右边的腔镜可自由移动。当一束经典激光驱动腔场时，腔场受激发，光子在腔内做往返运动，撞击在右边的可移动镜子上，对镜子表面产生辐射压力的作用，使得可移动镜子偏离平衡位置。腔镜位置的改变导致腔长发生变化，所以腔模的频率也随之发生变化。在一面镜子可移动的情况下，辐射压力使得腔镜和腔场耦合在一起，互相调制，形成了光学腔和光力模的耦合效应，即形成了法布里–帕罗腔光机械系统。

通过研究法布里–帕罗腔光机械系统，人们发现此系统中存在诸多量子效应，例如双稳（或多稳）的非线性现象[25-26]、纠缠态、压缩态等。与此同时，人们还探索了法布里–帕罗腔光机械系统耦合其他物理实体（如原子、量子点、电子）的混合腔光机械系统中的量子现象。例如，在耦合超冷 Rb 原子的法布里–帕罗腔光机械系统中，Murch 等人成功观察到光子的量子涨落对被束缚的冷原子系综的反作用[27]。

（2）环形腔光机械系统

环形腔光机械系统无论在理论上，还是在实验上，都得到了成熟的发展和广泛的应用。图1.3（a）给出了实验中所应用的环形腔光机械系统扫描电镜图。环形光腔必须满足两个要求：支持超高精度的光学共振和具有高品质因子的径向呼吸膜。这个腔由一个极细的针状尖柱支起。为了更清楚地看到尖柱的结构图，图1.3（b）给出环形光腔结构分析图。超薄的硅材料尖柱顶端的直径为 500 nm，这是为了降低与环形腔的耦合，进而提高机械品质因子。图1.3（c）表示的是在环形光腔中，辐射压力所诱导产生的光学模与机械模之间耦合的示意图。当环形腔受到经典激光驱动时，由于腔的弯曲特性，腔内循环的光子将在腔的侧壁上施加径向的压力。因此，可呼吸的腔模将沿着径向周期伸缩，进而导致环形腔的直径改变，同时改变了腔模的本征频率。腔模频率和可伸缩的侧壁之间具有互相依赖的关系，即环形腔中的光学自由度和力学自由度耦合在一起，形成了环形腔光机械系统。在环形腔光机械系统中，机械模的振动频率为 10~100 MHz，环形腔的几何形状的品质因子可以达到 3.2 万。Schliesser 等人在实验中已经成功地实现了环形光腔中机械振子的量子基态冷却[13]。

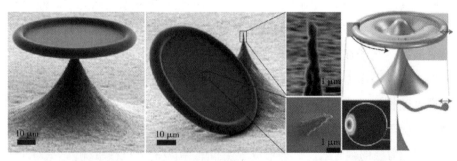

（a）环形腔光机械系统　　　（b）环形光腔结构分析图　　　（c）环形光腔中光学模和
　　　扫描电镜图　　　　　　　　　　　　　　　　　　　　　　　　　机械模的耦合示意图

图1.3　环形腔光机械系统

（3）薄膜腔光机械系统

薄膜腔光机械系统由两个宏观尺度的刚性镜和材质为SiN的电介质薄膜组成，如图1.4所示。两个固定放置的镜子形成一个标准的高精度的法布里-帕罗腔。厚度为50 nm的低反射率薄膜被置于两个腔镜的中间。当经典场驱动腔场时，腔内的光子对中间薄膜产生辐射压的作用，使薄膜被迫振动，进而导致腔模与振动薄膜之间的耦合作用，形成薄膜腔光机械系统。

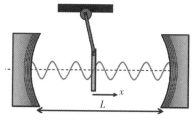 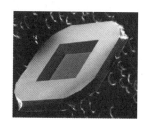

（a）薄膜腔光机械系统示意图　　　　　　（b）SiN薄膜

L—腔长；x—机械薄膜振动位移

图1.4　薄膜腔光机械系统[19]

薄膜在腔内所处的位置可以决定薄膜和光腔的耦合大小。由于薄膜的振动，左右两个分腔场的频率都取决于薄膜位移，并且频率与位移之间呈周期函数的关系。Thompson等人通过实验指出，在此腔光机械系统中可以实现薄膜和光腔之间不同形式的耦合，即薄膜的位移和腔场失谐量成线性、平方或者四次方的比例关系[19]。Biancofiore等人在理论上研究证明了在室温条件下腔场中薄膜的基态冷却[20]。

（4）宏观镜机械系统

2007年，美国麻省理工学院的Corbitt等人在理论上和实验中实现了宏观镜机械系统及宏观镜子的全光陷阱[28]，如图1.5所示。腔的长度为0.9 m。左边悬浮的可摆动镜子的质量是250 g，共振频率是1 Hz。一个质量为1 g的镜子位于腔场的另一端，它由直径为300 μm的两个光纤维连接悬浮在腔中，以$2\pi \times 172$ Hz的频率左右振动。他们在文中[28]指出，通过利用第二光场的辐射压避免了腔光机械系统的不稳定性。质量为1 g的宏观镜子实现了稳定的光学陷阱，其中辐射压占据了主导作用，从而也实现了光学弹簧效应（恢复力）。在此系统中，镜子质量达到了g量级，人们称之为宏观镜机械系统。值得一提的是，这个方案为减轻引力波探测器参数的不稳定性和探索宏观物体的量子效应开辟了一条新途径。

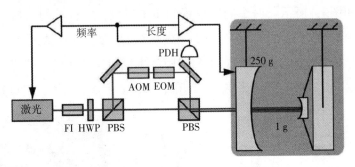

图1.5　宏观镜机械系统实验示意图 [28]

在过去一些年里，随着高品质腔光机械装置工艺上的发展（也就是说，高品质因子的机械振子与高品质因子光腔有效地耦合），人们已经成功地实现了多种腔光机械系统并揭示了其工作原理。目前，对于腔光机械系统，人们已经在实验中实现了机械振子的大小跨越了宏观与微观的尺度，且其频率实现了从kHz到MHz数量级的改变范围。本书简单地总结了几个有代表性的腔光机械系统的实验参数，见表1.1 [29]。

表1.1　几个有代表性的腔光机械系统的实验参数 [29]

参考文献编码	$(\Omega_m/2\pi)$/Hz	m/kg	$(\Gamma_m/2\pi)$/Hz	$(Q\cdot f)$/Hz	$(\kappa\cdot2\pi)$/Hz	κ/Ω_m	$g_0/2\pi$
[27]	4.2×10^4	1×10^{-22}	1×10^3	1.7×10^6	6.6×10^5	15.7	6×10^5
[7]	3.9×10^9	3.1×10^{-16}	3.9×10^4	3.9×10^{14}	5×10^8	0.13	9×10^5
[29]	1.1×10^7	4.8×10^{-14}	32	3.5×10^{12}	2×10^5	0.02	2×10^2
[30]	7.8×10^7	1.9×10^{-12}	3.4×10^3	1.8×10^{12}	7.1×10^6	0.09	3.4×10^3
[19]	1.3×10^5	4×10^{-11}	0.12	1.5×10^{11}	5×10^5	3.7	5×10^1
[31]	9.7×10^3	1.1×10^{-10}	1.3×10^{-2}	9×10^9	4.7×10^5	55	2.2×10^1
[32]	9.5×10^5	1.4×10^{-10}	1.4×10^2	6.3×10^9	2×10^5	0.22	3.9
[33]	8.14×10^5	1.9×10^{-7}	81	8.1×10^9	1×10^6	1.3	1.2
[34]	318	1.85	2.5×10^{-6}	4.1×10^{10}	275	0.9	1.2×10^{-3}

1.2.2　辐射压力的本征模与系统的本征态理论

在1.2.1节中，描述了从小尺度到大尺度的四种典型的腔光机械系统，并且阐述了腔场与机械振子之间如何产生耦合关系。本节以法布里-帕罗腔光机械系统为例，具体介绍腔场和机械振子之间耦合的量子化描述。

（1）本征模

由一个可移动镜子和一个固定镜子组成一个法布里-帕罗腔光机械系统。以这样的模型为例，讨论腔场内光力效应所导致产生的辐射压力的本征模理论。

首先利用腔场量子理论推导光腔与可移动镜子耦合的表达式。假定腔的长度为 L，频率为 ω_n，腔的两个镜子 M_1 和 M_2 分别位于横坐标上 $-L$ 和 0 点处，如图1.6所示。当可移动镜子 M_2 静止时，腔场的本征模为驻波模。腔的长度与波长所对应的关系为

$$L = \frac{n\lambda}{2}, \quad n = 1, \ 2, \ 3, \ \cdots \tag{1.1}$$

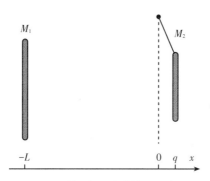

图1.6　腔场中可移动镜子示意图

根据 $\omega = ck$（ω 为光子的频率）和 $k = 2\pi/\lambda$，可以得到腔场频率与腔长度的关系为

$$\omega_n(L) = \frac{n\pi c}{L} \tag{1.2}$$

从这个式中可以看出，腔长 L 决定腔场频率的大小。如果可移动镜子固定不动，那么系统哈密顿量为

$$H = \hbar\omega_n(L)c^+c \tag{1.3}$$

其中，c（c^+）是腔模的湮灭（产生）算符。如果腔场被激发，光力的作用使得可移动镜子开始振动，偏离了起始的平衡位置。假定偏离长度为 q，此

时腔场的频率为 $\omega_n(L+q) = \dfrac{n\pi c}{L+q}$。与 L 相比较，腔长的变化量非常小，可以对 $\omega_n(L+q)$ 进行泰勒展开，得到

$$
\begin{aligned}
\omega_n(L+q) &= \frac{n\pi c}{L+q} \\
&= \frac{n\pi c}{L}\left(1 - \frac{q}{L} + \cdots\right) \\
&\cong \omega_n(L)\left(1 - \frac{q}{L}\right)
\end{aligned}
\tag{1.4}
$$

系统的哈密顿量对应地写为

$$
H = \hbar\omega_n(L+q)c^+c \cong \hbar\omega_n(L)c^+c - \frac{\hbar\omega_n}{L}c^+cq
\tag{1.5}
$$

其中，第二项指的是光力作用使得可移动镜子与光腔之间产生的耦合。

接下来应用光子动量定理推导光腔与机械振子的耦合项。假设腔场中有 n 个光子碰撞到可移动镜子上。每个光子的能量为 E，则每个光子的动量为 $p = E/c$。n 个光子碰撞到可移动镜子被反弹之后，光子的动量变化为

$$
\Delta p = 2np = \frac{2nE}{c}
\tag{1.6}
$$

根据牛顿第三定律，可移动镜子的动量变化同样为 Δp。腔中每个光子碰到可移动镜子的周期为

$$
\Delta t = \frac{2L}{c}
\tag{1.7}
$$

因此，根据动量定理，n 个光子对可移动镜子产生的作用力为

$$
F = \frac{n\Delta p}{\Delta t} = \frac{nE}{L}
\tag{1.8}
$$

根据式（1.8），可以写出可移动镜子与腔内光子（机械振子与腔模）的相互作用

$$
H = -n\frac{E}{L}q
\tag{1.9}
$$

其中，q 是腔长的变化量，即可移动镜子偏离平衡位置的距离。根据光子量子化理论，光子数 n 和能量 E 分别用 c^+c 和 $\hbar\omega$ 代替，因此，耦合作用的哈

密顿量可重写为

$$H = -\frac{\hbar\omega}{L}c^+cq \tag{1.10}$$

（2）本征态

前面通过两种方法，得到了光腔和机械振子的耦合形式。下面仍然基于这个模型计算腔光机械系统的本征态。整个系统的哈密顿量为

$$H = \hbar\omega c^+c + \frac{p^2}{2m} + \frac{1}{2}m\omega_m^2 q^2 - \frac{\hbar\omega}{L}c^+cq \tag{1.11}$$

第一项是腔场的自由哈密顿量，其中 $c(c^+)$ 和 ω 分别是腔场的湮灭（产生）算符和腔场频率。第二项和第三项表示机械振子的自由哈密顿量，p，q 和 ω_m 分别是机械振子的动量、位移和本征频率。第四项是 1.2.1 节所得到的腔模和机械振子之间的耦合关系。定义可移动镜子的位移和动量算符分别写为 $q = \sqrt{\frac{\hbar}{2m\omega_m}}(b + b^+)$ 和 $p = im\omega_m\sqrt{\frac{\hbar}{2m\omega_m}}(b^+ - b)$，哈密顿量可改写为

$$H = \hbar\omega c^+c + \hbar\omega_m b^+b - \hbar gc^+c(b^+ + b) \tag{1.12}$$

其中，$g = \frac{\omega}{L}\sqrt{\frac{\hbar}{2m\omega_m}}$。可移动镜子和腔场的粒子数态表示为 $|n\rangle_b$ 和 $|m\rangle_c$（n，$m = 0$，1，2，$\cdots$），式（1.12）的本征态可以写为

$$H|\tilde{n}(m)\rangle_b|m\rangle_c = \hbar(m\omega + n\omega_m - m^2\delta)|\tilde{n}(m)\rangle_b|m\rangle_c \tag{1.13}$$

式中，$\delta = g^2/\omega_m$，是由单光子辐射压所引起的光子态频率平移；$|\tilde{n}(m)\rangle_b = \exp(m\beta_0(b^+ - b))|n\rangle_b$，是 m 个光子的平移粒子数态，其中 $\beta_0 = g/\omega_m$。特别的，$|\tilde{n}(1)\rangle_b$ 是单个光子的平移数态，$|\tilde{n}(0)\rangle_b$ 是 0 个光子的平移数态，这与振子态 $|n\rangle_b$ 一样。

1.3 腔光机械系统应用

光腔和谐振子在各自的领域都得到完善的发展和广泛的应用，它们结合产生的腔光机械系统在量子光学和量子信息中具有很大的应用价值，例

如探测位移、质量、引力波等。

然而，环境热涨落掩盖了腔光机械系统中的很多量子现象，所以在研究宏观机械系统量子性的过程中，长期困扰着人们的一个难题就是将宏观的机械器件冷却到相应的量子力学基态。通常的降温方法只能将机械振子的温度降到与周围环境的温度一致，这远远小于所要求的 μK 数量级。激光发明之后，人们实现了利用激光冷却原子及固体力学器件。

在腔光机械系统中，应用反馈机制可以使振子快速达到冷却效应。这种冷却有两种方案，分别是主动反馈冷却[30-36] 和边带冷却[37-40]。20 世纪 90 年代，Stefano Mancini 等人在文献［30］中提出主动反馈冷却的方案，其物理思想是利用经典激光产生辐射压力与热噪声导致的随机力互相抵消。1999 年，法国物理研究小组对其进行了实验验证[31]。利用功率和频率都保持稳定的经典激光束驱动腔场，激光驱动下的光学腔与机械振子产生了耦合作用，从而形成腔光机械系统。利用零拍探测法（homodyne measurement）获得输出腔场的信息，进而可以得到机械振子随机振动的信息。所以，通过调节驱动激光，改变腔内光压，最终得到稳定的机械振动。2006 年，研究小组在不同的腔光机械系统中，成功地实现了利用辐射压冷却振子的方案，包括悬挂微镜[32-33] 和环形腔光机械系统[17]。在这些实验中，通过利用主动反馈冷却的技术，可将机械振子温度降低至 mK 数量级[32-36]。下面介绍边带冷却方案，它的核心思想为：将机械振子的能量转移到光腔，进而降低振子的温度。机械振子的频率是 ω_m，腔场的本征频率为 ω_c，用一束频率为 ω_l 的激光驱动腔场，腔内的光子撞击到机械振子上，发生散射，此过程同时产生两个边带，即 $\omega_{as} = \omega_l + \omega_m$ 和 $\omega_s = \omega_l - \omega_m$，如图 1.7 所示[37]。类似的，利用零拍探测法获取振子随机振动的信息，调节和改变振子的位置，使得腔内光子与蓝失谐的边带共振，$\omega_l + \omega_m \cong \omega_c$。此时，机械振子与光腔（声子与光子）之间发生态转移，机械振子的能量转移到光腔，使得振子的温度降低。2008 年，Schliesser 等人在实验中成功验证了边带冷却方案[13]。在实现预冷环境温度之后，文献［18，38-39］指出，在低温条件下振子可被冷却到少数声子的情况（机械振子的振动模式可以用相应的声子描述）。在微波腔[40] 或光学腔[7, 41] 机械系统中，一些实验小组完成了机械振子的量子基态冷却。

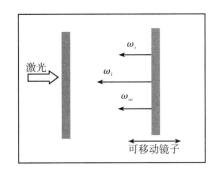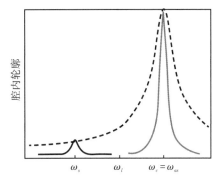

图1.7 腔镜与激光相互作用产生两个频率边带示意图[37]

在机械振子可以实现量子基态的条件下，人们对介观甚至宏观的振子进行量子性质的研究，发现活跃在光学系统中的量子效应（如叠加态、纠缠态、压缩态等）仍然存在于腔光机械系统中。下面简单介绍几个主要的关于腔光机械系统的应用。

量子纠缠在量子信息中是一种非常重要的物理资源，因此，人们基于腔光机械系统做了大量关于制备纠缠、度量纠缠和利用纠缠的工作[42-49]。在理论上，机械振子与光场的纠缠已被做了大量预测。2002 年，Mancini 等人提出光场量子态可以转移到机械振子，并讨论了两个振子之间的纠缠[47]。2007 年，Vitali 等人提出制备和探测光场和机械振子之间纠缠的实验方案[48]。另外，在混合系统中，机械振子可以诱导产生多种纠缠，例如机械振子和库珀对盒子（Cooper-pairbox）纠缠、两个电子比特纠缠或者两个约瑟夫森结纠缠。Barzanjeh 等人提出利用机械振子实现光场与微波场之间的长寿命稳态纠缠[49]。通过引入玻色-爱因斯坦凝聚体（BEC）耦合到腔光机械系统中，Chiara 等人发现腔-镜之间的纠缠相对于失谐量的变化趋势与腔-BEC 之间的纠缠变化趋势一致[50]。因此，他们指出，可以通过探测腔-BEC 之间的纠缠进而得到腔-镜之间的纠缠，同时，他们证实此混合系统在温度为 mK 数量级的条件下仍存在三体纠缠。

腔光机械装置作为量子器件，在量子通信网络方面具有潜在的应用前景。振子的寿命较长，易于储存信息，而光子的飞行速度较快，易于传输信息，因此二者的结合在光信息的储存、传输和记忆等方面有着显著的。腔光机械系统在通信网络中可作为交换器，可以将光信息转移到机械振子，亦可以将携带信息的振子转移到光场。2010年，Stannigel等人在理论上提出以机械振子为纽带实现量子网络中节点之间的态转移，并且展示了在可实现的实验参数条件下能达到高保真度的态转移[51]。随后该小组研究了强耦合多模机械系统中单光子和单声子之间的非线性效应，并发现非线性共振条件适用于飞行的光子或固定的光子比特之间的量子控制门[52]。Tian[53]通过绝热地调节光腔与机械振子之间的耦合，从而控制不同频率腔模之间高保真度的量子态转移。关于腔光机械系统中量子信息过程的研究，国内很多学者也做出一些优秀的工作，例如Hong Fangyu等人指出可显著地提高量子网络中相关的操控和增加量子态转移的速度[54]。

借助腔光机械系统，可以认识经典物理与量子力学交界处的物理现象。利用此系统可以实现超灵敏检测振子的位移，反之，若得知振子的位移，可以检测光学相位的量子非破坏测量。然而，由于系统处于热环境，该系统将受到热噪声的影响，热涨落将会掩盖腔光机械系统中很多量子现象。为了减少这样的环境热噪声，需要将介观（或者宏观）机械振子冷却到其基态。在这方面，无论是在理论上还是在实验上都得到了快速发展并取得显著的成绩。在机械振子可以实现量子基态的条件下，人们对机械振子（具有大数量级的质量）进行量子性质的研究，发现活跃在光学系统中的量子效应仍然存在于腔光机械系统中，例如制备机械振子量子叠加位移态[55-59]、压缩态等。Pepper等人提出利用单光子后选择实现腔光机械系统中宏观振子的量子叠加态[58]。Nimmrichter等人提出测量宏观机械振子量子叠加态的一个实验可行方案[60]。Jähne等人通过利用压缩光驱动腔场实现制备可移动镜子的压缩态[61]。

此外，由于光腔与机械振子之间非线性的相互作用关系，系统中存在类电磁诱导透明现象。最早，Agarwal等人[62]在理论上研究并发现了在耦合场和探测场同时与腔光机械系统相互作用的条件下，系统表现出类电磁诱导透明的现象。此外，他们小组利用相似的处理方法，研究了平方耦合腔光机械系统中电磁诱导透明现象及产生原理[63]。紧接着，Weis等人很快在实验上验证了腔光机械系统中的类电磁诱导透明[64]。在发现了腔光机械系统中存在类电磁诱导之后，人们通过操纵腔光机械系统处理光学问题成为可能，例如延迟、减慢和存储光脉冲等在腔光机械系统中的实现成为可能。光机械系统中的这种非线性还可以表现为 Kerr 非线性，可以使其用来控制单光子以及双光子沿着一维波导管的传输。它有利于探索光机械系统的性质，特别是机械耦合的精确值，并且这个值可以在光学或者微波腔光机械系统中得以实现。对于只有一个传输通道的腔场，人们只能探测到光的反射。然而，在具有腔光机械诱导透明性质的腔光机械系统中，可以得到反射或吸收光谱。

综上，腔光机械系统对于量子与经典交界问题、量子通信及光信号精密探测等均具有非常重要的应用价值。另外，还有很多现象及其应用等待人们发现与探索。

1.4 本书主要研究工作和章节安排

如上所述，从光压效应引出腔光机械系统。腔内光子的辐射压使机械振子做受迫振动，这将导致腔场频率的变化，最终光学腔和机械振子之间产生非线性耦合的关系。这样的腔光机械系统在超高精度位移探测、引力波探测、质量探测及冷却机械振子等的研究中都得到了快速发展。另外，人们利用腔光机械系统的反馈机制实现了从冷却机械振子到量子基态，随后，发现宏观机械振子中诸多的量子效应，例如，振子可制备压缩态和纠缠态等经典量子特性。

另外，在腔动力学中，原子和光场相互作用的研究已经逐渐成熟。随着腔光机械系统的兴起，人们在耦合原子的腔光机械系统中，发现原子的存在诱导系统产生了许多新的量子效应，例如，多体光机械纠缠、增强振子压缩、冷却机械振子、Kerr 非线性和光脉冲传输等。

因此，本书研究的是耦合原子的腔光机械混合系统。通过量子朗之万方程，主要讨论了原子对制备纠缠态、电磁诱导透明和压缩态等的影响，并研究了三能级原子对态转移的控制及振子冷却的增强。

本书总共10章，主要研究成果从第3章开始，具体章节介绍如下：

第1章，首先介绍了腔光力学相关的背景，由光压效应引出了腔光机械系统。其次，给出了几种典型的目前实验中所实现的腔光机械系统。最后，将腔光机械系统作为研究平台，介绍了其在量子光学和量子信息中广泛的应用价值。

第2章，介绍了腔光机械系统的基础知识，包括振子库的处理方法，光腔与机械振子之间耦合的表达式。另外，还介绍了本书所用到的基本处理方法，包括量子朗之万方程、腔场的输入输出关系、原子与光场相互作用的量子描述等。

第3章，考虑了两模腔光机械系统耦合三能级原子的混合系统。利用朗之万方程，得到了两模腔场之间的纠缠，发现两个宏观机械镜子纠缠态的存在。在坏腔的条件下，腔模的输出场仍处于纠缠态。

第4章，考虑了受经典探测场和泵浦场同时驱动的腔光机械系统耦合二能级原子系综。首先，通过计算腔场的输出，发现系统表现为电磁诱导透明。增加原子数目，发现原子可以扩宽透明窗口，并且原子可以有效增强腔场内光子对可移动镜子的辐射压力。其次，考虑了耦合二能级原子系综的平方耦合腔光机械系统。类似地，通过计算腔场的输出，发现原子增强了吸收谱。原子的存在通过影响机械振子的位移涨落，进而影响了机械振子的能量。最后，分析了在原子和腔光机械系统中的电磁诱导透明的相似与不同之处。

第5章，考虑二能级原子系综与含时振幅的经典场驱动下的腔光机械系统的相互作用，讨论了原子对机械振子压缩态随时演化的影响。通过计算正交量算符，发现增加原子的数目可以增强机械振子的压缩，并且有效地降低了对环境温度的要求。同时，提出了探测机械振子压缩态的实验方案。此外，讨论了具有 N 个机械振子的多模光机系统中两模机械压缩的产生。其中，腔场由时变振幅的外场驱动。分析结果表明：只要选择适当的驱动场，就可以产生任意两个振子的两模压缩态。通过提高驱动场的振幅和增强机械振子与腔场的耦合，可以获得更大的压缩效应。另外，发现机械压缩态也受机械振荡器数量的影响：机械振荡器越多，压缩强度越大。

第6章，利用三能级原子相干性的特点，实现了在两模腔光机械系统中不同频率的两模腔之间两次最大保真度的态转移。并且，通过控制原子注入腔场的入射率，实现了控制两模腔脉冲传输的时间。

第7章，利用耦合三能级级联原子的两模光机械腔，实现了光机械振荡器冷却效应的增强。原子的相干性影响了腔内光子的数量，从而导致可移动镜子上辐射压力的变化，进一步导致机械振荡器的有效温度的降低。并且，证明了机械振荡器的冷却还与注入原子的初始状态有关。

第8章，基于一个腔光力系统，其中腔模和机械模之间具有线性和二次色散耦合的相互作用，研究了二次光力耦合与参量放大器对本征模劈裂的重要影响。通过分析腔场涨落项的输出谱和机械振子位移的涨落谱，得出结论：腔场和机械场均呈现出本征模劈裂的现象，光学参量放大器非线性增益值的大小及二次光力耦合强度均与劈裂谱两峰之间的距离成正比，即二者对本征模劈裂效应具有相似的调控作用。

第9章，基于耦合二能级原子的多模光机械系统，研究了系统的超辐射与集体增益效应。如果驱动泵场与反斯托克斯边带发生共振，则系统处于超辐射状态。在斯托克斯边带及反斯托克斯边带，研究了原子介质如何影响超辐射和集体增益效应的方案。

第10章，给出全书的总结，并对后续的研究工作做了进一步的展望。

2 | 腔光力学基础知识介绍

本章首先介绍腔光机械系统中的基本理论，包括谐振子的布朗运动以及光学模和机械模的耦合。紧接着，介绍量子朗之万方程、腔场的输入输出、电磁诱导透明、原子与光场相互作用的全量子理论，这些基础内容和工具是研究光力系统中量子效应的必要基础，也将在后面的章节中多次出现。

2.1 腔光机械系统基本理论

2.1.1 振子库

做简谐运动的粒子称为谐振子，环境可以被当作一个谐振子库。在这个库中，当振子与振子之间存在相互作用时，振子的运动行为是怎样的呢？这一节讨论处理振子库的一般方法。现在考虑多个振子处于热环境中，一个振子（位移是 x，动量是 p）与一个振子库耦合，这个库中每个振子的位移和动量都相等，分别为 x_j 和 p_j，如图 2.1 所示。

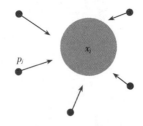

图 2.1 振子库模型图

这个系统的哈密顿量可以写为

$$H = \frac{p^2}{2m} + \frac{1}{2}mvx^2 + \sum_j \frac{p_j^2}{2m_j} + \frac{1}{2}m_j\omega_j^2(q_j - x)^2 \tag{2.1}$$

其中，$\frac{1}{2}m_j\omega_j^2(q_j - x)^2$ 描述的是振子库与粒子之间的相互作用，它依赖于两者之间的位移差 $q_j - x$。根据对易准则 $[x, p] = i\hbar$，$[q_j, p_k] = i\hbar\delta$，得到

$$\left.\begin{aligned}
\frac{dx}{dt} &= \frac{p}{m} \\
\frac{dp}{dt} &= -mv^2x + \sum_j m_j\omega_j^2(q_j - x) \\
\frac{dq_j}{dt} &= \frac{p_j}{m_j} \\
\frac{dp_j}{dt} &= -m_j\omega_j^2(q_j - x)
\end{aligned}\right\} \tag{2.2}$$

整理式（2.2），可以得到 x 和 q_j 的二次导数，即

$$\left.\begin{aligned}
\frac{d^2x(t)}{dt^2} &= -v^2x(t) + \sum_j \frac{m_j}{m}\omega_j^2(q_j(t) - x(t)) \\
\frac{d^2q_j(t)}{dt^2} &= -\omega_j^2(q_j(t) - x(t))
\end{aligned}\right\} \tag{2.3}$$

通过替代计算，$q_j(t)$ 的解写为

$$q_j(t) - x(t) = q_j^0(t) - \sum_{-\infty}^{t} dt'\cos[\omega_j(t - t')x(t')] \tag{2.4}$$

其中

$$q_j^0(t) = q_j\cos\omega_j t + p_j\frac{\sin\omega_j t}{m_j\omega_j} \tag{2.5}$$

是在振子之间没有耦合（$x = 0$）条件下方程的解。p_j 和 q_j 通常是与时间无关的动量和位移算符。

将式（2.4）代入式（2.3）后，得到

$$m\frac{d^2x(t)}{dt^2} + \int_{-\infty}^{t} dt'\mu(t - t')\frac{dx(t')}{dt'} + mv^2x(t) = F(t) \tag{2.6}$$

其中

$$m\frac{\mathrm{d}^2 x(t)}{\mathrm{d}t^2} + \int_{-\infty}^{t}\mathrm{d}t'\mu(t-t')\frac{\mathrm{d}x(t')}{\mathrm{d}t'} \tag{2.7}$$

是振子的耗散，

$$F(t) = \sum_j m_j\omega_j^2 q_j^0(t) \tag{2.8}$$

是噪声算符。

正如所看到的，式（2.6）与场库系统所得到的腔场算符的行为方程相似。然而，式（2.6）可以扩展为含有记忆效应，即一个耗散振子的一般表达式可以写为

$$m\frac{\mathrm{d}^2 x(t)}{\mathrm{d}t^2} + \frac{\mathrm{d}x(t)}{\mathrm{d}t} + mv^2 x(t) = F(t) \tag{2.9}$$

其中，噪声算符满足关联

$$\frac{1}{2}<F(t)F(t')+F(t')F(t)> = \frac{1}{2}\int_0^{\infty}\mathrm{d}\tilde{\mu}(\omega+\mathrm{i}0^+)\hbar\omega\coth\left(\frac{\hbar\omega}{2k_B T}\right)\cos[\omega(t-t')] \tag{2.10}$$

其中，$\tilde{\mu}$ 是 μ 经过傅里叶变换的形式。

人们感兴趣的衰减系数的情况是 $\mathrm{Re}[\tilde{\mu}(\omega+\mathrm{i}0^+)] = \Gamma$，则关联函数变为

$$\frac{1}{2}<F(t)F(t')+F(t')F(t)> = \frac{\Gamma}{\pi}\int_0^{\infty}\mathrm{d}\left(\frac{\hbar\omega}{2k_B T}\right)\cos[\omega(t-t')]$$

$$= \Gamma k_B T\frac{\mathrm{d}}{\mathrm{d}t}\coth\left[\frac{\pi k_B T(t-t')}{\hbar}\right] \tag{2.11}$$

其中，T 是振子所耦合热环境的温度，k_B 是玻尔兹曼常量。由式（2.9）可知振子的行为并不是一个马尔可夫过程，它与历史行为有关，但是在高温极限条件下，一般而言，可以运用马尔可夫近似处理。在高温极限下，$\left(T \gg \frac{\hbar\omega}{k_B}\right)$，$\hbar\omega\coth\left(\frac{\hbar\omega}{2k_B T}\right) \sim 2k_B T$，关联函数可写为

$$\frac{1}{2}<F(t)F(t')+F(t')F(t)> = 2\Gamma k_B T\delta(t-t') \tag{2.12}$$

2.1.2 光腔与机械振子之间的线性耦合和平方耦合

第1章讨论了两镜腔光机械系统（2MC）中一端镜子振动的情况。

本节仍然讨论法布里–帕罗腔光机械系统，不同的是，腔由三个镜子组成，两端的镜子固定不动形成腔场，将可移动镜子（或者薄膜）放入腔中，这样的系统被称为三镜腔光机械系统（3MC）。可移动镜子与光腔的耦合形式取决于中间腔镜的位置，即耦合系数与中间镜子的位置成线性或者平方的比例关系。这样的系统有着非常重要的应用，例如测量镜子能量本征态和冷却中间镜子到量子基态等。

本书考虑的模型如图2.2所示，在一个3MC中，两端镜子固定在 $x = \pm L$ 处，一个透射率为 T 的镜子位于腔场中间 $x = q$ 处。镜子的厚度远远小于光波长，这个条件已经在实验中得到实现[19]。接下来分两部分介绍：第一部分介绍模型，第二部分介绍两模腔分析系统的哈密顿量。

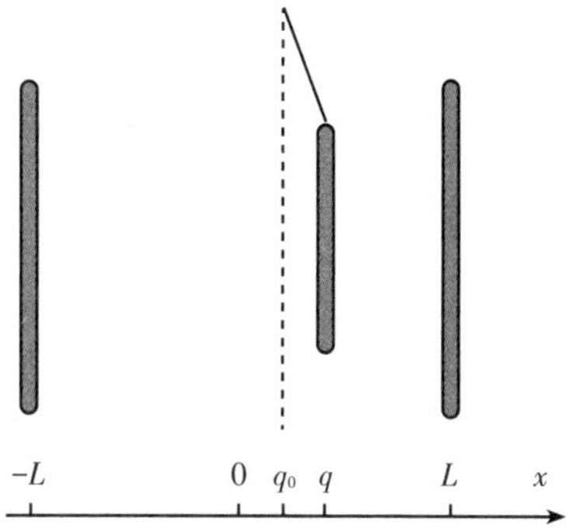

图2.2 三镜腔示意图

（1）模型介绍和系统哈密顿量

本节将给出腔模的频率、中间腔镜的透射率 T 和它的位移 q 之间的关系。在简单的情况下，左右两个分腔的共振频率为

$$\omega_n = \frac{n\pi c}{L} \tag{2.13}$$

其中

$$n = 2L/\lambda_n \tag{2.14}$$

式中，$\lambda_n = 2\pi c/\omega_n$，$n$ 是模数。

当中间腔镜的透射率 $T \neq 0$ 时，谐振子的两侧腔模具有耦合效应，并通过解边界条件 $x = q$，$\pm L$ 的亥姆霍兹方程（Helmholtz equation）[65]，整个系统的模式可以得到。为了便于计算，假定处于 $x = \pm L$ 的两个固定镜子具有最大反射率。考虑高阶腔模如 $L \gg \lambda_n$ 且中间镜子的位移 $q \ll \lambda_n$。通过计算可得

$$\cot k(L+q) + \cot k(L-q) = 2\left(\frac{1-T}{T}\right)^{1/2} \tag{2.15}$$

式（2.15）的解意味着共振子两边分腔的耦合，初始的一对简并模频率为 ω_n 分裂为一对非简并的模式[66]

$$\left.\begin{array}{l} \omega_e(q) \cong \omega_n + \dfrac{1}{\tau}\Big[\arcsin\big(\sqrt{1-T}\cos 2k_n q\big) - \arcsin\big(\sqrt{1-T}\big)\Big] \\[3mm] \omega_o(q) \cong \omega_n + \dfrac{\pi}{t} - \dfrac{1}{\tau}\Big[\arcsin\big(\sqrt{1-T}\cos 2k_n q\big) + \arcsin\big(\sqrt{1-T}\big)\Big] \end{array}\right\} \tag{2.16}$$

其中

$$\tau = 2L/c \tag{2.17}$$

是光子在每个分腔的运行周期，由于 $L \gg \lambda_n$ 和 $q \ll \lambda_n$，假定光子在谐振子两端的每个分腔中的运行时间相等。在式（2.16）中，ω_e 对应整个模具有偶数个半波长；频率为 ω_o 的模额外多了半个波长，因此频率略高于 ω_e。在振子处于中心位置且 $T \to 1$ 的极限条件下，频率为 ω_o 的模转变为正弦模式，而频率为 ω_e 的模变为余弦模式。在文献［67-68］中，电磁场的频率对应式（2.16），这些文献指出，中间镜子中存在"介电泵"（dielectric bump），使得腔场在镜子所处位移的导数值不连续。图 2.3 描述了式（2.16）的腔模，并且此腔模在实验中已经得到了探测[19]。

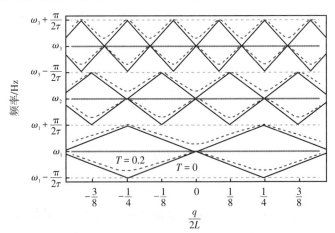

图 2.3　3MC 中振子的本征频率与位移的关系

注：对于不同的透射率，3MC 中振子本征频率 ω_n 与位移 q 的关系：$T=0$（实线），$T=0.2$（虚线）。

假设中间镜子的频率 ω_m 非常小，$\tau \ll 1/\omega_m$，这导致电磁场的频率随着可移动镜子位移变化。ω_e 和 ω_o 依赖于可移动镜子的位移 q。耦合系统的哈密顿量可写为

$$H = \hbar\omega_e(q)a^+a + \hbar\omega_o(q)b^+b + \frac{p^2}{2m} + \frac{1}{2}m\omega_m^2(q - q_0)^2 \tag{2.18}$$

其中，a 和 b 是频率为 ω_e 和 ω_o 腔场的玻色算符，且满足对易关系

$$[a, a^+] = 1, \quad [b, b^+] = 1 \tag{2.19}$$

p 和 q 是可移动镜子的动量和位移算符，满足对易关系 $[q, p] = i\hbar$。另外，q_0 是在无辐射压作用下可移动镜子的位移，即可移动镜子的起始位移，依赖于可移动镜子位移的频率，$\omega_e(q)$ 和 $\omega_o(q)$ 体现了辐射压力的存在。

（2）两模腔模型

接下来分三种情况讨论光腔与可移动镜子的耦合形式，包括中间可移动镜子全反射，半透射时可移动镜子处于节点和波腹处的情况。

① 中间可移动镜子全反射（$T = 0$）。

考虑中间可移动镜子全反射的情况，即 $T = 0$。对于这种情况，左右两个分腔的本征频率 ω_l 和 ω_r 分别变为

$$\omega_e = \omega_l \sim \omega_n(1 - q/L), \quad \omega_o = \omega_r \sim \omega_n(1 + q/L) \tag{2.20}$$

在 $q_0 = 0$ 的条件下，式（2.18）重写为

$$H = \hbar\omega_n(a^+a + b^+b) + \frac{p^2}{2m} + \frac{1}{2}m\omega_m^2 q^2 - \hbar\xi(a^+a - b^+b)q \tag{2.21}$$

其中

$$\xi = \omega_n/L \tag{2.22}$$

是腔模和可移动镜子之间的机械耦合参数，a 和 b 是左右两个分腔模的湮灭算符。这个形式类似于第 1 章中 2MC 一端的镜子可移动的情况。

② 中间可移动镜子半透射（$T \neq 0$），机械耦合线性依赖振子位移。

两个分腔场的耦合来源于可移动镜子的半透射率。然而，这样的耦合导致一系列 $\omega_e(q)$ 和 $\omega_o(q)$ 不可避免地近似相等。它们接近双简并的腔场频率 ω_n（$T = 0$ 时），或者频率 $\omega_n(q)$ 和 $\omega_{n'}(q')$。

可移动镜子位移 q 远离波节时，机械振子与光腔的耦合可能依赖振子位移的平方。因此，式（2.18）的辐射压将有类似线性耦合和平方耦合两种情况。

首先考虑线性耦合情况（$T \neq 0$），可移动镜子的起始位移 q_0 总是远离波腹之外的所有点。对于非常小的位移即 $q \ll \lambda$，在 q_0 点处，扩展 $\omega_e(q)$ 和 $\omega_o(q)$

$$\omega_e \sim \omega_n - \delta_e - \xi_L(q - q_0), \quad \omega_o \sim \omega_n + \delta_o + \xi_L(q - q_0) \tag{2.23}$$

其中，频率变化为[65]

$$\left.\begin{aligned}
\delta_e &= \frac{1}{\tau}\left[\arcsin\left(\sqrt{1-T}\right) - \arcsin\left(\sqrt{1-T}\cos 2k_n q_0\right)\right] \\
\delta_o &= \frac{\pi}{\tau} - \frac{1}{\tau}\left[\arcsin\left(\sqrt{1-T}\right) + \arcsin\left(\sqrt{1-T}\cos 2k_n q_0\right)\right]
\end{aligned}\right\} \tag{2.24}$$

和

$$\xi_L = \frac{\sin 2k_n q_0}{\sqrt{(1-T)^{-1} - \cos^2 2k_n q_0}}\xi \tag{2.25}$$

通常是线性机械耦合参数。当 $T = 0$ 时，很容易证明 $|\xi_L| \to \xi$。根据式（2.23），式（2.18）可以重写为

$$\begin{aligned}
H &= \hbar(\omega_n - \delta_e)a^+a + \hbar(\omega_n - \delta_o)b^+b + \frac{p^2}{2m} + \\
&\quad \frac{1}{2}m\omega_m^2(q - q_0)^2 - \hbar\xi_L(a^+a - b^+b)(q - q_0)
\end{aligned} \tag{2.26}$$

或者，当 $q - q_0 \to q$ 时，哈密顿量为

$$\begin{aligned}
H &= \hbar(\omega_n - \delta_e)a^+a + \hbar(\omega_n + \delta_o)b^+b + \frac{p^2}{2m} + \\
&\quad \frac{1}{2}m\omega_m^2(q - q_0)^2 - \hbar\xi_L(a^+a - b^+b)q
\end{aligned} \tag{2.27}$$

通过比较式（2.27）和式（2.21），在线性耦合情况下看到，有限的透射值导致了两模腔的频率 $\omega_{(e,o)}$ 平移了 $-\delta_e$ 和 δ_o。机械耦合系数从 ξ 变化为 ξ_L。因为辐射压耦合仍然依赖振子的位移，所以这种情况并不会影响机械振子的冷却。

③中间可移动镜子半透射（$T\neq0$），机械耦合依赖振子位移的平方。

现在讨论中间的镜子位于 $q_0 = \mathrm{j}\lambda_n/4$ 时（波腹处），腔模和机械振子耦合的情况。在这种情况下，扩展式（2.16）到 q_0 的一阶，给出[66]

$$\omega_e \sim \omega_n - \zeta_Q(q-q_0)^2, \quad \omega_o \sim \omega_n + \Delta_o + \zeta_Q(q-q_0)^2 \tag{2.28}$$

其中，失谐量

$$\Delta_o = \frac{2}{\tau}\arccos(1-T)^{1/2} \tag{2.29}$$

和平方耦合系数

$$\zeta_Q = \frac{\tau\zeta^2}{2}(1-T)^{1/2} \tag{2.30}$$

系统的哈密顿量即式（2.18）变为

$$H = \hbar\omega_n a^+a + \hbar(\omega_n + \Delta_o)b^+b + \frac{p^2}{2m} + \frac{1}{2}m\omega_m^2(q-q_0)^2 -$$
$$\hbar\zeta_Q(a^+a - b^+b)(q-q_0)^2 \tag{2.31}$$

设定 $q-q_0 \to q$（不会影响任何物理性质），与设置 $q_0 = 0$ 的哈密顿量一样，为

$$H = \hbar\omega_n a^+a + \hbar(\omega_n + \Delta_o)b^+b + \frac{p^2}{2m} + \frac{1}{2}m\omega_m^2(q-q_0)^2 - \hbar\zeta_Q(a^+a - b^+b)q^2 \tag{2.32}$$

对比式（2.32）和式（2.27）发现，镜子与光腔之间的非线性耦合依赖可移动镜子位移的平方，此耦合是纯色散的形式，导致了不同的辐射效应。

2.2 量子基础知识

在量子光学中，已知哈密顿量方程，如果系统与环境之间有随机相互作用，要想了解系统的演化，可以通过求解主方程或者朗之万方程得出系统的量子效应。接下来的一小节介绍量子朗之万方程，这为接下来几章的内容提供了计算方法。

2.2.1 量子朗之万方程

量子朗之万方程是求解随机问题的一种基本方法。简单地考虑一个热

库，这个热库由 n 个谐振子组成。写出热库的哈密顿量

$$H_B = \sum_n \left(\frac{p_n^2}{2m_n} + \frac{k_n q_n^2}{2} \right) \tag{2.33}$$

系统与热库耦合的哈密顿量为

$$H = H_s(\mathbf{Z}) + \sum_n \frac{1}{2m_n} p_n^2 + \frac{k_n}{2}(q_n - X)^2 \tag{2.34}$$

其中，$H_s(\mathbf{Z})$ 是系统的哈密顿量，系统可以是任意的，但是这个系统的哈密顿量必须具有多个系统变量 $\mathbf{Z}$（矢量 $\mathbf{Z}$ 表示系统变量，它由有限的变量元素 Z_i 组成）。这样的系统可以是量子光学中的原子，也可以是类似宏观 LC 电路。X 是 $\mathbf{Z}$ 其中的一个算符。做如下正则变化：

$$\left. \begin{array}{l} q_n \rightarrow p_n \big/ \sqrt{k_n} \\ p_n \rightarrow -q_n \big/ \sqrt{k_n} \\ k_n / m_n \rightarrow \omega_n^2 \\ \sqrt{k_n} \rightarrow k_n \end{array} \right\} \tag{2.35}$$

重写哈密顿量为

$$H = H_s(\mathbf{Z}) + \frac{1}{2} \sum_n \left(p_n - k_n X \right)^2 + \omega_n^2 q_n^2 \tag{2.36}$$

$\mathbf{Z}$，p_n，q_n 在此哈密顿量中满足对易关系

$$[\mathbf{Z}, p_n] = [\mathbf{Z}, q_n] = 0, \quad [p_n, p_m] = [q_n, q_m] = 0, \quad [q_n, p_m] = i\hbar \delta_{n,m} \tag{2.37}$$

这里并没有表示出不同的算符 $\mathbf{Z}$ 之间的对易关系，它的对易关系依赖所考虑的系统。通过处理振子的行为方程，并代入 $\mathbf{Z}$ 的运动方程，可得到朗之万方程。这个方程不仅涉及系统的变量，而且依赖含时的算符 $\xi(t)$ [$\xi(t)$ 依赖热浴的初值]。

根据对易关系，可以写出振子算符的海森堡运动方程

$$\left. \begin{array}{l} \dfrac{\mathrm{d}q_n}{\mathrm{d}t} = \dfrac{\mathrm{i}}{\hbar}[H, q_n] = p_n - k_n X \\[2mm] \dfrac{\mathrm{d}p_n}{\mathrm{d}t} = \dfrac{\mathrm{i}}{\hbar}[H, p_n] = -\omega_n^2 q_n \end{array} \right\} \tag{2.38}$$

将 q_n 和 p_n 量子化，用产生算符和湮灭算符表示为

$$a_n = \frac{\omega_n q_n + \mathrm{i}p_n}{\sqrt{2\hbar\omega_n}}$$

$$a_n^+ = \frac{\omega_n q_n - \mathrm{i}p_n}{\sqrt{2\hbar\omega_n}}$$

（2.39）

得到湮灭算符的行为方程

$$\frac{\mathrm{d}a_n}{\mathrm{d}t} = -\omega_n a_n - k_n \sqrt{\omega_n/2\hbar}\, X \tag{2.40}$$

a_n 含时解为

$$a_n = \mathrm{e}^{-\mathrm{i}\omega_n a(t-t_0)} a_n(t_0) - k_n \sqrt{\omega_n/2\hbar} \int_{t_0}^t \mathrm{e}^{-\mathrm{i}\omega_n(t-t')X(t')} \mathrm{d}t' \tag{2.41}$$

通过海森堡方程 $Y = \frac{\mathrm{i}}{\hbar}[H,\ Y]$，可以得到系统中任意算符 Y 的运动方程

$$\frac{\mathrm{d}Y}{\mathrm{d}t} = \frac{\mathrm{i}}{\hbar}[H_s,\ Y] + \frac{\mathrm{i}}{2\hbar}\big[[Y,\ p_n - k_n X],\ k_n X\big]$$

$$= \frac{\mathrm{i}}{\hbar}[H_s,\ Y] + \frac{\mathrm{i}}{2\hbar}\big[[Y,\ k_n X],\ p_n - k_n X\big]_+ \tag{2.42}$$

根据式（2.39）和式（2.41），利用 a_n 替代式（2.42）中的 p_n，再对式（2.42）做部分积分后，式（2.42）的解为

$$\frac{\mathrm{d}Y}{\mathrm{d}t} = \frac{\mathrm{i}}{\hbar}[H_s,\ Y] + \frac{\mathrm{i}}{2\hbar}\Big[X,\ \Big[Y,\ \xi(t) - \int_{t_0}^t f(t-t')X(t')\mathrm{d}t' - f(t-t_0)X(t_0)\Big]_+\Big]$$

$$= \frac{\mathrm{i}}{\hbar}[H_s,\ Y] + \frac{\mathrm{i}}{2\hbar}\Big[X,\ \Big[Y,\ \xi(t) - \int_{t_0}^t f(t-t')X(t')\mathrm{d}t' - f(t-t_0)X(t_0)\Big]\Big]_+$$

（2.43）

其中

$$\xi = \mathrm{i}\sum_n k_n \sqrt{\hbar\omega_n/2}\Big[-a_n(t_0)\mathrm{e}^{-\mathrm{i}\omega_n(t-t_0)} + a_n^+(t_0)\mathrm{e}^{\mathrm{i}\omega_n(t-t_0)}\Big] \tag{2.44}$$

和

$$f(t) = \sum_n k_n^2 \cos(\omega_n t) \tag{2.45}$$

式（2.43）称为量子朗之万方程。

2.2.2 腔场的输入输出理论

腔场内的信息往往不能被直接利用，为了获得腔内的信息，必须将腔内的信息输出腔外。量子系统与环境相互作用可以导致退相干效应。当腔内的光子逃逸到某个特定的电磁场模式中，腔场作为一个输出通道，使泄漏的光子具有一个明确的方向。相比于所有外部耦合，这样的泄漏占很大优势。通过探测泄漏的光子得知腔泄漏的输出通道。

现在考虑一个受外部场驱动的单模腔。腔场的一端是半透射半反射的镜子，外部的光可以从这个镜子输入腔场。另一端镜子是全反射的，外面的光不会通过这面镜子进入腔场。写出系统的哈密顿量为[69]

$$H = H_{sys} + H_{bath} + H_{int} \tag{2.46}$$

其中

$$H_{sys} = \hbar\omega_c a^+ a \tag{2.47}$$

是单模腔场的哈密顿量。根据量子噪声理论，腔外热浴的哈密顿量为

$$H_{bath} = \int_0^\infty d\omega \hbar\omega b^+(\omega) b(\omega) \tag{2.48}$$

由于外部驱动场的频率远远大于它与腔的耦合系数，可以运用旋转波近似，得到系统与环境热浴之间的相互作用哈密顿量

$$H_{int} = i\hbar \int_{-\infty}^\infty d\omega g(\omega) \left[ab^+(\omega) - b(\omega)a^+ \right] \tag{2.49}$$

环境算符 b 和腔模算符 a 分别满足对易关系

$$[b(\omega),\ b^+(\omega)] = \delta(\omega - \omega'), \quad [a,\ a^+] = 1 \tag{2.50}$$

根据海森堡方程，写出 $b(\omega)$ 的运动方程

$$\frac{db(\omega)}{d\omega} = \frac{1}{i\hbar}[b(\omega),\ H] = i\omega b(\omega) + \kappa(\omega)a \tag{2.51}$$

在 $t_0 < t$（对应输入）和 $t_1 > t$（对应输出）两种情况下，库算符的解可以分别写为

$$b(\omega) = \mathrm{e}^{-\mathrm{i}\omega(t-t_0)}b_0(\omega) + \kappa(\omega)\int_{t_0}^{t}\mathrm{d}t'\mathrm{e}^{-\mathrm{i}\omega(t-t')}a(t') \left.\begin{matrix}\\\\\end{matrix}\right\}$$
$$b(\omega) = \mathrm{e}^{-\mathrm{i}\omega(t-t_0)}b_1(\omega) - \kappa(\omega)\int_{t}^{t_1}\mathrm{d}t'\mathrm{e}^{-\mathrm{i}\omega(t-t')}a(t') \tag{2.52}$$

其中，$b_0(\omega)$ 和 $b_1(\omega)$ 分别是 $t = t_0$ 和 $t = t_1$ 时 $b(\omega)$ 的值。

腔场算符的海森堡运动方程为

$$\frac{\mathrm{d}a}{\mathrm{d}t} = \frac{1}{\mathrm{i}\hbar}[a,\ H] = -\mathrm{i}\omega_c a - \int_{-\infty}^{\infty}\mathrm{d}\omega\kappa(\omega)b(\omega) \tag{2.53}$$

将库算符的解（2.52）代入式（2.53），得到

$$\frac{\mathrm{d}a}{\mathrm{d}t} = -\mathrm{i}\omega_c a - \int_{-\infty}^{\infty}\mathrm{d}\omega\kappa(\omega)\mathrm{e}^{-\mathrm{i}\omega(t-t_0)}b_0(\omega) - \int_{-\infty}^{\infty}\mathrm{d}\omega\kappa^2(\omega)\int_{t_0}^{t}\mathrm{e}^{-\mathrm{i}\omega(t-t')}a(t')\mathrm{d}t' \tag{2.54}$$

引入一级近似即库与系统的耦合是马尔可夫过程，也就是说，$\kappa(\omega)$ 是不依赖频率的。假设

$$\kappa^2(\omega) = \frac{\gamma}{2\pi} \tag{2.55}$$

则式（2.54）可重写为

$$\frac{\mathrm{d}a}{\mathrm{d}t} = -\mathrm{i}\omega_c a - \sqrt{\frac{\gamma}{2\pi}}\int_{-\infty}^{\infty}\mathrm{d}\omega\mathrm{e}^{-\mathrm{i}\omega(t-t_0)}b_0(\omega) - \gamma\int_{t}^{t_0}\delta(t-t')a(t')\mathrm{d}t' \tag{2.56}$$

定义输入场算符

$$a_{\mathrm{in}}(t) = -\frac{1}{\sqrt{2\pi}}\int_{-\infty}^{\infty}\mathrm{d}\omega\mathrm{e}^{-\mathrm{i}\omega(t-t_0)}b_0(\omega) \tag{2.57}$$

和输出算符

$$a_{\mathrm{out}}(t) = \frac{1}{\sqrt{2\pi}}\int_{-\infty}^{\infty}\mathrm{d}\omega\mathrm{e}^{-\mathrm{i}\omega(t-t_0)}b_1(\omega) \tag{2.58}$$

这里应用常规定义即向左传播场的方向为负，向右传播场的方向为正，如图2.4所示。

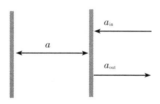

图2.4 单边泄漏的单模光学腔中输入场、输出场和腔场示意图

根据关系 $\int_{-\infty}^{\infty}\mathrm{d}\omega\,\mathrm{e}^{-\mathrm{i}\omega(t-t')}=2\pi\delta(t-t')$，得到输入场和输出场算符满足的对易关系为

$$\left.\begin{array}{c}\left[a_{\mathrm{in}}(t),\ a_{\mathrm{in}}^{+}(t')\right]=\delta(t-t')\\[2mm]\left[a_{\mathrm{out}}(t),\ a_{\mathrm{out}}^{+}(t')\right]=\delta(t-t')\end{array}\right\}\tag{2.59}$$

由于 $\int_{t_0}^{t}f(t')\delta(t-t')\mathrm{d}t'=\int_{t_0}^{t_1}f(t')\delta(t-t')\mathrm{d}t'=\dfrac{1}{2}f(t)\,(t_0<t<t_1)$，所以式（2.56）写为

$$a=-\mathrm{i}\omega_c a-\frac{\gamma}{2}-\sqrt{\gamma}\,a_{\mathrm{in}}\tag{2.60}$$

这就是 2.2.1 节提到的朗之万方程，其中噪声算符表现为输入场。利用类似的方法，可得到末时的朗之万方程

$$\frac{\mathrm{d}a}{\mathrm{d}t}=-\mathrm{i}\omega_c a+\frac{\gamma}{2}-\sqrt{\gamma}\,a_{\mathrm{out}}\tag{2.61}$$

将式（2.60）和式（2.61）相减，得到

$$a_{\mathrm{in}}(t)+a_{\mathrm{out}}(t)=\sqrt{\gamma}\,a(t)\tag{2.62}$$

这就是腔场输入输出关系。由式（2.62）可知，如果已知输入场与腔场，可以得到输出场的性质。如果库是热浴，库算符 $b(\omega)$ 满足的关联函数如下：

$$\left.\begin{array}{c}\left\langle b^{+}(\omega)b(\omega')\right\rangle=n(\omega)\delta(\omega-\omega')\\[2mm]n(\omega)=\left(\mathrm{e}^{\frac{\hbar\omega}{k_B T}}-1\right)^{-1}\end{array}\right\}\tag{2.63}$$

则根据式（2.63），得到在热环境条件下输入场满足的关联函数为

$$\left.\begin{array}{c}\left\langle a_{\mathrm{in}}^{+}(t)a_{\mathrm{in}}(t')\right\rangle-n(\omega_c)\delta(t-t')\\[2mm]\left\langle a_{\mathrm{in}}(t)a_{\mathrm{in}}^{+}(t')\right\rangle-\left(n(\omega_c)+1\right)\delta(t-t')\end{array}\right\}\tag{2.64}$$

2.2.3　原子与光场相互作用的全量子理论

量子光学，指的是以辐射的量子理论为基础研究光的产生、传输、检测及光与物质相互作用的学科。光与原子之间的相互作用一直是量子光学中很重要的研究课题。研究分析此相互作用大体分为三类：① 全经典理论，全经典地处理原子与光场相互作用的方法。②半经典理论，即原子量

子化处理，光场用经典场来处理。③ 全量子理论，把原子和场都进行量子化。在量子光学中，处理一般的问题大多使用全量子描述的方法。下面只介绍原子与光场相互作用的全量子理论，这是本书第3章到第6章都用到的方法。

考虑一个简单的模型，一个单电子原子和光场相互作用，写出哈密顿量为

$$H = H_A + H_F - e\boldsymbol{r} \cdot \boldsymbol{E} \tag{2.65}$$

其中，$\boldsymbol{r}$ 是电子原子的位置矢量，场的自由哈密顿量写为

$$H_F = \sum_k \hbar\omega_k \left(a_k^+ a_k + \frac{1}{2}\right) \tag{2.66}$$

频率为 ω_k 的辐射场所对应的产生和湮灭算符分别为 a_k^+ 和 a_k。可以将原子的自由哈密顿量表示为

$$H_A = \sum_k \hbar\omega_k \left(a_k^+ a_k + \frac{1}{2}\right) \tag{2.67}$$

$e\boldsymbol{r}$ 表示为

$$e\boldsymbol{r} = \sum_{i,j} e|i\rangle\langle i|\boldsymbol{r}|j\rangle\langle j| = \sum_{i,j} \wp_{ij}\sigma_{ij} \tag{2.68}$$

其中，$\sigma_{ij} = |i\rangle\langle j|$ 是原子的跃迁算符，$\wp_{ij} = \langle i|e|j\rangle$ 是电子在 $|i\rangle$ 和 $|j\rangle$ 之间的偶极矩。忽略原子位置的变化对系统的影响，电场算符的量子化形式写为

$$\boldsymbol{E} = \sum_k \boldsymbol{\varepsilon}_k \xi_k \left(a_k^+ + a_k\right) \tag{2.69}$$

其中，$\xi_k = \left(\hbar\nu_k/2\varepsilon V\right)^{1/2}$。将式（2.66）至式（2.69）都代入式（2.65）后，整理得

$$H = \sum_k \hbar\omega_k a_k^+ a_k + \sum_i E_i \sigma_{ii} + \hbar \sum_{ij} \sum_k g_k^{ij} \sigma_{ij}\left(a_k^+ + a_k\right) \tag{2.70}$$

这里

$$g_k^{ij} = -\frac{\wp_{ij}\varepsilon_k\xi_k}{\hbar} \tag{2.71}$$

在式（2.70）中第一项忽略了 $\frac{1}{2}\sum_k \hbar\nu_k$，即场的零点能量。现在考虑一个二能级原子，基态是 $|g\rangle$，激发态是 $|e\rangle$。由于 $\wp_{eg} = \wp_{ge}$，所以

$$g_k = g_k^{eg} = g_k^{ge} \tag{2.72}$$

这种情况对应的系统哈密顿量为

$$H = \sum_k \hbar\omega_k a_k^+ a_k + \left(E_g\sigma_{gg} + E_e\sigma_{ee}\right) + \hbar\sum_k g_k\left(\sigma_{ge} + \sigma_{eg}\right) + \left(a_k + a_k^+\right) \tag{2.73}$$

由于 $E_e - E_g = \hbar\omega$ 和 $\sigma_{aa} + \sigma_{bb} = 1$，式（2.73）中第二项可重写为

$$E_g\sigma_{gg} + E_e\sigma_{ee} = \frac{1}{2}\hbar\omega\left(\sigma_{aa} - \sigma_{bb}\right) + \frac{1}{2}\left(E_a + E_b\right) \tag{2.74}$$

考虑二能级原子具有以下关系：

$$\left.\begin{array}{l} \sigma_z = \sigma_{ee} - \sigma_{gg} \\ \sigma_+ = \sigma_{eg} = |e\rangle\langle g| \\ \sigma_- = \sigma_{ge} = |g\rangle\langle e| \end{array}\right\} \tag{2.75}$$

通过旋转波近似，式（2.73）可重写为

$$H = \sum_k \hbar\omega_k a_k^+ a_k + \frac{1}{2}\hbar\omega\sigma_z + \hbar\sum_k g_k\left(\sigma_+ a_k + \sigma_- a_k^+\right) \tag{2.76}$$

式（2.76）指的是多模光场与二能级原子相互作用的哈密顿量。如果腔场是单模场，那么哈密顿量可以简写为

$$H = \hbar\omega_0 a^+ a + \frac{1}{2}\hbar\sigma_z + \hbar g\left(\sigma_+ a + \sigma_- a^+\right) \tag{2.77}$$

这就是 Jaynes-Cummings（JC）模型，它是原子与光场相互作用量子描述的一个典型例子，同时也是研究腔动力学的基本理论方法。g 是单个原子与单模光场相互作用的耦合系数，也可以表示原子与场之间能量交换的快慢。

2.2.4 电磁诱导透明

电磁诱导透明（electromagnetically induced transparency，EIT）是 2.2.3 节所提到的原子与光场相互作用所产生的量子效应。EIT 是强耦合场和弱探测场同时与原子相互作用，发生量子干涉相消而导致的效应。接下来，利用 Λ 型三能级原子详细地说明 EIT 的产生原理。图 2.5 描述的是一个三能级原子受到两束经典场驱动时的示意图。其中，

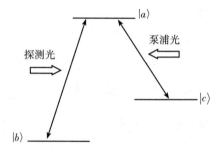

图 2.5 Λ 型三能级原子示意图

一束频率为 ω_c 的强光场作为泵浦光，且与原子能级跃迁 $|a\rangle \leftrightarrow |c\rangle$ 耦合；另一束频率为 ω_p 的弱光场作为探测光激发能级 $|a\rangle$ 和 $|b\rangle$ 之间的光子跃迁。这两束激光的相位和频率是固定的。给出系统的哈密顿量

$$H = H_0 + H_1 \tag{2.78}$$

其中

$$\left.\begin{aligned} H_0 &= \hbar\omega_a |a\rangle\langle a| + \hbar\omega_b |b\rangle\langle b| + \hbar\omega_c |c\rangle\langle c| \\ H_1 &= -\frac{\hbar}{2}\left(\frac{\wp_{ab}\varepsilon}{\hbar}\mathrm{e}^{-\mathrm{i}\nu t}|a\rangle\langle b| + \Omega_\mu \mathrm{e}^{-\mathrm{i}\varphi_\mu}\mathrm{e}^{-\mathrm{i}\nu t}|a\rangle\langle c|\right) + Hc \end{aligned}\right\} \tag{2.79}$$

给出密度矩阵元素 ρ_{ab}, ρ_{cb} 和 ρ_{ac} 的行为方程

$$\left.\begin{aligned} \frac{\mathrm{d}}{\mathrm{d}t}\rho_{ab} &= -(\mathrm{i}\omega_{ab} + \gamma)\rho_{ab} - \frac{\mathrm{i}}{2}\frac{\wp_{ab}\varepsilon}{\hbar}(\rho_{aa} - \rho_{bb}) + \frac{\mathrm{i}}{2}\Omega_\mu \mathrm{e}^{-\mathrm{i}\varphi_\mu}\mathrm{e}^{-\mathrm{i}\nu t}\rho_{cb} \\ \frac{\mathrm{d}}{\mathrm{d}t}\rho_{cb} &= -(\mathrm{i}\omega_{cb} + \gamma_3)\rho_{cb} - \frac{\mathrm{i}}{2}\frac{\wp_{ab}\varepsilon}{\hbar}\rho_{ca} + \frac{\mathrm{i}}{2}\Omega_\mu \mathrm{e}^{-\mathrm{i}\varphi_\mu}\mathrm{e}^{-\mathrm{i}\nu t}\rho_{ab} \\ \frac{\mathrm{d}}{\mathrm{d}t}\rho_{ac} &= -(\mathrm{i}\omega_{cb} + \gamma_2)\rho_{ac} + \frac{\mathrm{i}}{2}\frac{\wp_{ab}\varepsilon}{\hbar}\rho_{bc} - \mathrm{i}\Omega_\mu \mathrm{e}^{-\mathrm{i}\varphi_\mu}\mathrm{e}^{-\mathrm{i}\nu t}(\rho_{aa} - \rho_{cc}) \end{aligned}\right\} \tag{2.80}$$

假设原子起始处于基态 $|b\rangle$，则有以下关系

$$\rho_{bb}^0 = 1, \quad \rho_{aa}^0 = \rho_{cc}^0 = \rho_{ac}^0 \tag{2.81}$$

通过将式（2.81）代入式（2.80），并做以下的代换

$$\left.\begin{aligned} \rho_{ab} &= \tilde{\rho}_{ab}\mathrm{e}^{\mathrm{i}\nu t} \\ \rho_{ac} &= \tilde{\rho}_{cb}\mathrm{e}^{-\mathrm{i}(\nu + \omega_{ca})t} \end{aligned}\right\} \tag{2.82}$$

可得到一组方程

$$\left.\begin{aligned} \tilde{\rho}_{ab} &= -(\gamma + \mathrm{i}\Delta)\tilde{\rho}_{ab} + \frac{\mathrm{i}}{2}\frac{\wp_{ab}\varepsilon}{\hbar} + \frac{\mathrm{i}}{2}\Omega_\mu \mathrm{e}^{-\mathrm{i}\varphi_\mu}\tilde{\rho}_{cb} \\ \tilde{\rho}_{cb} &= -(\gamma_3 + \mathrm{i}\Delta)\tilde{\rho}_{cb} + \frac{\mathrm{i}}{2}\Omega_\mu \mathrm{e}^{-\mathrm{i}\varphi_\mu}\tilde{\rho}_{ab} \end{aligned}\right\} \tag{2.83}$$

其中，探测场的失谐为 $\Delta = \omega_{ab} - \gamma$，$\nu_\mu = \omega_{ac}$。通过求解这组方程，可以得出

$$\rho_{ab}(t) = \frac{\mathrm{i}\wp_{ab}\varepsilon\mathrm{e}^{\mathrm{i}\nu t}(\gamma_3 + \mathrm{i}\Delta)}{2\hbar\left[(\gamma + \mathrm{i}\Delta)(\gamma_3 + \mathrm{i}\Delta) + \Omega_\mu^2/4\right]} \tag{2.84}$$

根据 $\wp = \varepsilon \chi \varepsilon_0$，得到极化率 $\chi = \chi' + i\chi''$，它的实部和虚部分别是

$$\left.\begin{array}{l} \chi' = \dfrac{N_a \left|\wp_{ab}\right|^2 \Delta}{\varepsilon \hbar Z}\left[\gamma_3(\gamma + \gamma_3) + \left(\Delta^2 - \gamma\gamma_3 - \Omega_\mu^2/4\right)\right] \\[3mm] \chi'' = \dfrac{N_a \left|\wp_{ab}\right|^2}{\varepsilon \hbar Z}\left[\Delta^2(\gamma + \gamma_3) - \gamma_3\left(\Delta^2 - \gamma\gamma_3 - \Omega_\mu^2/4\right)\right] \end{array}\right\} \quad (2.85)$$

其中，N_a 是原子数密度，$Z = \left(\Delta^2 - \gamma\gamma_3 - \Omega_\mu^2/4\right) + \Delta^2(\gamma + \gamma_3)^2$。图2.6给出了极化率的实部和虚部随着失谐量 Δ/γ 的变化。容易看到，当 $\Delta = 0$ 时，极化率的实部 χ' 和虚部 χ'' 都等于零。吸收谱表现为零，即系统对探测光没有吸收，探测场完全地穿过了原子媒介，好像和原子没有发生相互作用。此时，系统变得透明不再吸收光，这种现象称为电磁诱导透明。

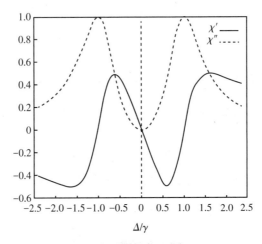

图2.6　电磁诱导透明[69]

注：极化率的实部和虚部随失谐 $\Delta = \gamma$ 变化，$\Omega_\mu = 2\gamma$，$\gamma_3 = 10^{-4}\gamma$。

3 | 三能级原子诱导两模腔场
及机械振子之间的纠缠

纠缠态的制备在介观甚至宏观系统中都成为一个吸引人的课题。在本章，提出一个两模腔光机械系统，通过耦合三能级级联原子，在坏腔条件下实现两模腔场及两个机械振子之间均存在纠缠。另外，还研究了相干原子对输出腔场纠缠的影响。

3.1 研究背景

自从量子力学诞生以来，人们对介观甚至宏观系统中纠缠态的制备进行了广泛的研究。人们所熟知的薛定谔猫佯谬指的是宏观物质与微观物质之间的纠缠。研究介观或宏观尺度物质的量子性质的一个关键环节是选择用什么样的物理系统。近年来，人们做了很多关于在腔光机械系统中制备纠缠的研究[38, 42-49, 70-75]。腔模与一端振动的镜子之间的纠缠已经得到了证实[72]。基于腔光机械系统制备纠缠态的理论方案还有许多，例如制备环形腔中两个可移动镜子之间的纠缠[44]、利用一对纠缠光束驱动独立的两个光腔制备两个可移动镜子之间的纠缠[73]、利用经典激光驱动腔得到两个可移动镜子之间的纠缠[74]、利用压缩真空光和激光得到环形腔光机械系统中两个分离机械振子之间的纠缠[75]。Gröblscher等人在文献[38]中指出能够观测到机械振子与光腔之间的强耦合。他们的工作为制备两个可移动镜子之间的纠缠奠定了基础。

在腔动力学中，原子媒介作为辅助物质扮演着一个非常重要的角色。人们发现，耦合原子介质的腔光机械系统中存在许多有趣的现象[37, 76-78]。

Genes等人[37]提出，通过利用镜子共振耦合二能级原子可以实现机械振子的基态冷却。Ian等人[76]指出，二能级原子能够有效地增强作用在机械振子上的辐射压力。Hammerer等人[77]与Wallquist等人[78]使用腔场作为媒介实现了单个微观原子与一个宏观机械之间的强耦合。另外，在耦合原子的腔光机械系统中，Genes等人[79]发现，原子、腔场与可移动镜子，两两之间存在纠缠。在量子光学中，原子的相干可以诱导产生许多有趣的现象[69]，例如电磁诱导透明、关联辐射激光及无反转激光。原子的这种相干性可以在许多系统中诱导产生纠缠态[80-84]。在本书中，提出利用微观原子的相干进而诱导产生两个宏观镜子之间的纠缠。通过研究耦合三能级级联的原子的两模腔场，证实不仅两个机械振子之间存在纠缠，两个腔场之间也存在纠缠。在文献[77-78]中，作者将腔场看作量子浴，并且给出了机械振子与单个原子之间的有效耦合形式。与之相反，直接处理包括原子、腔模与机械振子的多体系统。通过计算，发现原子的初态及机械振子的共振频率会影响腔场输出的纠缠谱，本书将在下面的章节给出具体的分析与计算过程。

3.2　模型和哈密顿量

这一章考虑的模型是由一个半透射的镜子和两个全反射的镜子组成的两模腔，如图3.1所示。

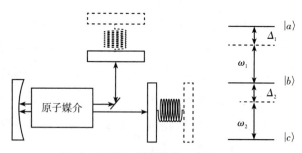

图3.1　系统和原子结构示意图

一束级联型的三能级原子注入两模腔中，原子与腔模耦合，它们之间

的频率差为 Δ_i ($i = 1$, 2)。系统的哈密顿量写为

$$H = \sum_{j=1, 2} \hbar\omega_j a_j^+ a_j + \sum_{j=1, 2} \frac{\hbar\omega_{m_j}}{2}\left(P_j^2 + Q_j^2\right) +$$

$$\sum_{j=1, 2} i\hbar\varepsilon_j\left(a_j^+ e^{-i\omega_{lj}t} + a_j e^{i\omega_{lj}t}\right) + \sum_{j=1, 2} \hbar\chi_j Q_j a_j^+ a_j +$$

$$\sum_{i=a, b, c} \hbar E_i \sigma_{ii} + \hbar\left(g_1\sigma_{ba}a_1^+ + g_2\sigma_{cb}a_2^+ + h.c.\right) \tag{3.1}$$

式（3.1）中，第一项式子代表两模腔场的能量，其中 a_j (a_j^+) 是第 j 个腔场湮灭算符（产生算符），ω_j 是腔场频率。第二项代表两个机械振子的能量，其中 ω_{m_j}，P_j 和 Q_j 分别是机械振子的频率、动量和位移。第三项代表的是频率为 ω_{l1} 和 ω_{l2} 的两束经典激光驱动腔场的关系式。第四项代表的是辐射压耦合关系，其系数 $\chi_j = \frac{\omega_j}{L}\sqrt{\frac{\hbar}{m\omega_{m_j}}}$。第五项表示的是原子的能量。式（3.1）中最后一项是原子与腔模的耦合作用项。另外，σ_{ii}，σ_{ba}，σ_{cb} 是原子的自旋算符。

在相互作用中，哈密顿量写为

$$H_1 = \hbar\delta_1\sigma_{aa} - \hbar\delta_2\sigma_{cc} +$$

$$\hbar\left(g_1\sigma_{ba}a_1^+ + g_2\sigma_{cb}a_2^+ + h.c.\right) +$$

$$\hbar\left(\delta_1 - \Delta_1\right)a_1^+ a_1 + \hbar\left(\delta_2 - \Delta_2\right)a_2^+ a_2 +$$

$$i\varepsilon_1\hbar\left(a_1^+ - a_1\right) + i\varepsilon_2\hbar\left(a_2^+ - a_2\right) +$$

$$\frac{\hbar\omega_{m1}}{2}\left(P_1^2 + Q_1^2\right) + \frac{\hbar\omega_{m2}}{2}\left(P_2^2 + Q_2^2\right) +$$

$$\hbar\chi_1 Q_1 a_1^+ a_1 + \hbar\chi_2 Q_2 a_2^+ a_2 \tag{3.2}$$

式中，$\Delta_1 = E_a - E_b - \omega_1$，$\Delta_2 = E_b - E_c - \omega_2$，$\delta_1 = E_a - E_b - \omega_{l1}$，$\delta_2 = E_b - E_c - \omega_{l2}$。$\delta_j = \Delta_j = \omega_j - \omega_{lj}$ 代表经典驱动场与腔模之间的失谐。量子朗之万方程反映了系统的动力学演化，写为

$$
\left.\begin{aligned}
\frac{\mathrm{d}}{\mathrm{d}t}Q_1 &= \omega_{m1}P_1 \\[4pt]
\frac{\mathrm{d}}{\mathrm{d}t}Q_2 &= \omega_{m2}P_2 \\[4pt]
\frac{\mathrm{d}}{\mathrm{d}t}P_1 &= -\chi_1 a_1^+ a_1 - \omega_{m1}Q_1 - \gamma_m P_1 + \xi_1 \\[4pt]
\frac{\mathrm{d}}{\mathrm{d}t}P_2 &= -\chi_2 a_2^+ a_2 - \omega_{m2}Q_2 - \gamma_m P_2 + \xi_2 \\[4pt]
\frac{\mathrm{d}}{\mathrm{d}t}a_1 &= -\left(\kappa_1 + \mathrm{i}\tilde{\Delta}_1\right)a_1 - \mathrm{i}g_1\sigma_{ba} + \varepsilon_1 + \sqrt{2\kappa_1}\,a_{1,\,\mathrm{in}} \\[4pt]
\frac{\mathrm{d}}{\mathrm{d}t}a_2 &= -\left(\kappa_2 + \mathrm{i}\tilde{\Delta}_2\right)a_2 - \mathrm{i}g_2\sigma_{cb} + \varepsilon_2 + \sqrt{2\kappa_2}\,a_{2,\,\mathrm{in}} \\[4pt]
\frac{\mathrm{d}}{\mathrm{d}t}\sigma_{ba} &= (\gamma + \mathrm{i}\delta_1)\sigma_{ba} - \mathrm{i}g_1 a_1(\sigma_{bb} - \sigma_{aa}) + \mathrm{i}g_2 a_2^+ \sigma_{ca} \\[4pt]
\frac{\mathrm{d}}{\mathrm{d}t}\sigma_{cb} &= (\gamma + \mathrm{i}\delta_2)\sigma_{cb} - \mathrm{i}g_2 a_2(\sigma_{cc} - \sigma_{bb}) - \mathrm{i}g_1 a_1^+ \sigma_{ca}
\end{aligned}\right\} \tag{3.3}
$$

式中，$\tilde{\Delta}_j = \delta_j - \Delta_j + \chi_j Q_j$（$j = 1$，$2$），$\gamma$ 表示原子的耗散。动镜与热环境耦合过程引入了量子布朗噪声 ξ_1 和 ξ_2。它们是相互独立的，却具有相同的特征，即平均值都为零。另外，在环境温度为 T 时，ξ_1 和 ξ_2 满足关系

$$
\left\langle \xi_j(t)\xi_k(t') \right\rangle = \frac{\delta_{jk}\gamma_m}{\omega_m}\int \frac{\mathrm{d}\omega}{2\pi}\mathrm{e}^{-\mathrm{i}\omega(t-t')}\omega\left[1 + \coth\left(\frac{\hbar\omega}{2k_B T}\right)\right],\ j,\ k = 1,\ 2 \tag{3.4}
$$

两模腔的漏损率为 κ_1 和 κ_2，真空输入噪声为 $a_{1,\,\mathrm{in}}$ 和 $a_{2,\,\mathrm{in}}$。两模腔场的噪声满足关系

$$
\left.\begin{aligned}
\left\langle a_{j,\,\mathrm{in}}^+(t)a_{j,\,\mathrm{in}}(t') \right\rangle &= N\delta(t-t') \\[4pt]
\left\langle a_{j,\,\mathrm{in}}(t)a_{j,\,\mathrm{in}}^+(t') \right\rangle &= (N+1)\delta(t-t')
\end{aligned}\right\} \tag{3.5}
$$

其中，$N = \left(\exp(\hbar\omega_c/k_B T) - 1\right)^{-1}$。

为了得到了方程（3.3）的稳态解，运用线性近似，即计算方程（3.3）的最后两项时只考虑 g_i（$i = 1$，2）的一阶项。对于 $\sigma_{ii'}$ 乘以 $a(a^+)$ 的项，用 $\langle\sigma_{ii'}\rangle$ 替代 $\sigma_{ii'}$。初态为 $\rho_a = \rho_{aa}^0|a\rangle\langle a| + \rho_{cc}^0|c\rangle\langle c| + \rho_{ca}^0(|c\rangle\langle a| + |a\rangle\langle c|)$ 的原子以入射率 r_a 注入两模腔中。方程的最后两项可以写为

$$
\left.\begin{array}{l}
\dfrac{\mathrm{d}}{\mathrm{d}t}\sigma_{ba} = -(\gamma+\mathrm{i}\delta_1)\sigma_{ba} + \mathrm{i}g_1 r_a \rho_{aa}^0 a_1 + \mathrm{i}g_2 r_a \rho_{ca}^0 a_2^+ \\[3mm]
\dfrac{\mathrm{d}}{\mathrm{d}t}\sigma_{cb} = -(\gamma+\mathrm{i}\delta_2)\sigma_{cb} - \mathrm{i}g_1 r_a \rho_{ca}^0 a_1^+ - \mathrm{i}g_2 r_a \rho_{cc}^0 a_2
\end{array}\right\}
\tag{3.6}
$$

结合方程（3.3）和方程（3.6），最终得到系统的稳态平均值

$$
\left.\begin{array}{l}
P_1^s = 0, \quad P_2^s = 0 \\[3mm]
Q_1^s = \dfrac{-\chi_1\left|a_1^s\right|^2}{\omega_{m1}}, \quad Q_2^s = \dfrac{-\chi_2\left|a_2^s\right|^2}{\omega_{m2}} \\[3mm]
a_1^s = \dfrac{s_{2c}^*\varepsilon_1 + \varepsilon_2^* u_1}{u_1 u_2^* + s_{1a}s_{2c}^*} \\[3mm]
a_2^s = \dfrac{s_{1a}^*\varepsilon_2 - \varepsilon_1^* u_2}{u_2 u_1^* + s_{2c}s_{1a}^*}
\end{array}\right\}
\tag{3.7}
$$

其中

$$
\left.\begin{array}{l}
u_l = \dfrac{g_1 g_2 r_a \rho_{ca}^{(0)}}{\gamma+\mathrm{i}\delta_l}, \quad l = 1, \ 2 \\[3mm]
s_{1a} = \kappa_1 + \mathrm{i}\tilde{\Delta}_1 - \dfrac{g_1^2 r_a \rho_{aa}^{(0)}}{\gamma+\mathrm{i}\delta_1} \\[3mm]
s_{2c} = \kappa_2 + \mathrm{i}\tilde{\Delta}_2 - \dfrac{g_2^2 r_a \rho_{cc}^{(0)}}{\gamma+\mathrm{i}\delta_2}
\end{array}\right\}
\tag{3.8}
$$

从方程（3.7）和方程（3.8）可知，当腔中没有原子时（$g_1 = g_2 = 0$），腔场的稳态平均值 $a_j^s = \dfrac{\varepsilon_j^*}{\kappa_j + \mathrm{i}\tilde{\Delta}_j}(j = 1, \ 2)$ 与文献［72，75］中的结论一致。如果能级不相干的原子被注入腔中，那么 $\rho_{ca}^{(0)} = 0$，并且 $u_l = 0$。对于这种情况，将 s_{1a} 和 s_{2c} 写为实部和虚部两部分，发现原子媒介不仅影响光子的有效耗散，还会影响作用在动镜上的辐射压力。然而，如果将能级之间相干的原子注入腔中，那么两个可移动镜子的运动行为将会相互依赖。

根据线性近似理论，通过计算算符涨落的运动方程，可以得到可移动镜子与光腔之间的非线性特征。因此，把系统中每个操作算符写为其稳态平均值与涨落之和［69，75，85］。按照这样的处理方法，根据方程（3.3），可以

得到一组涨落算符的朗之万方程。定义 $f = (\delta Q_1,\ \delta P_1,\ \delta Q_2,\ \delta P_2,\ \delta X_1,\ \delta Y_1,$ $\delta X_2,\ \delta Y_2,\ \delta U_1,\ \delta U_2,\ \delta V_1,\ \delta V_2)^{\mathrm{T}}$，这组朗之万方程可以写为

$$\frac{\mathrm{d}}{\mathrm{d}t} f = Af + B \tag{3.9}$$

这里

$$A = \begin{bmatrix} A_{11} & A_{12} & A_{13} \\ A_{21} & A_{22} & A_{23} \\ A_{31} & A_{32} & A_{33} \end{bmatrix}$$

$B = (0,\ \xi_1,\ 0,\ \xi_2,\ \sqrt{2\kappa_1}\delta X_{1,\,\mathrm{in}},\ \sqrt{2\kappa_1}\delta Y_{1,\,\mathrm{in}},\ \sqrt{2\kappa_2}\delta X_{2,\,\mathrm{in}},\ \sqrt{2\kappa_2}\delta Y_{2,\,\mathrm{in}},\ 0,$ $0,\ 0,\ 0)^{\mathrm{T}}$，其中

$$A_{11} = \begin{bmatrix} 0 & \omega_{m1} & 0 & 0 \\ -\omega_{m1} & -\gamma_{m1} & 0 & 0 \\ 0 & 0 & 0 & \omega_{m2} \\ 0 & 0 & -\omega_{m2} & -\gamma_{m2} \end{bmatrix},\quad A_{12} = \begin{bmatrix} 0 & 0 & 0 & 0 \\ \chi_1 X_1^s & \chi_1 Y_1^s & 0 & 0 \\ 0 & 0 & 0 & 0 \\ 0 & 0 & \chi_2 X_2^s & \chi_2 Y_2^s \end{bmatrix}$$

$$A_{23} = \begin{bmatrix} 0 & g_1 & 0 & 0 \\ -g_1 & 0 & 0 & 0 \\ 0 & 0 & 0 & g_2 \\ 0 & 0 & -g_2 & 0 \end{bmatrix},\quad A_{33} = \begin{bmatrix} -\gamma & \delta_1 & 0 & 0 \\ -\delta_1 & -\gamma & 0 & 0 \\ 0 & 0 & -\gamma & \delta_2 \\ 0 & 0 & -\delta_2 & -\gamma \end{bmatrix}$$

$$A_{32} = \begin{bmatrix} 0 & -g_1 r_a \rho_{aa}^0 & 0 & g_2 r_a \rho_{ac}^0 \\ g_1 r_a \rho_{aa}^0 & 0 & g_2 r_a \rho_{cc}^0 & 0 \\ 0 & -g_1 r_a \rho_{ca}^0 & 0 & g_2 r_a \rho_{cc}^0 \\ -g_1 r_a \rho_{ca}^0 & 0 & -g_2 r_a \rho_{cc}^0 & 0 \end{bmatrix}$$

$$A_{13} = A_{31} = (0)$$

定义

$$\left.\begin{aligned} X_j &= \frac{1}{\sqrt{2}}\left(a_j + a_j^+\right),\ Y_j = \frac{1}{\sqrt{2}}\left(a_j - a_j^+\right),\ j = 1,\ 2 \\ U_1 &= \frac{1}{\sqrt{2}}\left(\sigma_{ba} + \sigma_{ab}\right),\ U_2 = \frac{1}{\sqrt{2\mathrm{i}}}\left(\sigma_{ba} - \sigma_{ab}\right) \\ V_1 &= \frac{1}{\sqrt{2}}\left(\sigma_{ba} + \sigma_{ab}\right),\ V_2 = \frac{1}{\sqrt{2\mathrm{i}}}\left(\sigma_{cb} - \sigma_{bc}\right) \end{aligned}\right\} \tag{3.10}$$

只有当矩阵 A 的本征值的实部是负值时，系统才处于稳态。当然，这也是线性系统的效应。在本章中，考虑的是级联结构的原子，这起到放大系统

的效应。对于一些参数而言，矩阵 A 的本征值可能会出现正的实部。为了使系统达到稳态，必须严格检验系统所用参数。由于很难解析地求解得到含有12维矩阵 A 的方程（3.9），因此，在保证所选参数满足稳态条件的情况下，选择数值法分析系统。

3.3 两模腔场及机械振子的纠缠

通过计算多体系统的量子涨落关联矩阵的稳态解，可以了解腔场与可移动镜子之间的非线性关系。定义协方差矩阵 $V_{ij}(\infty) = \frac{1}{2}\big[\big\langle f_i(\infty)f_j(\infty) + f_j(\infty)f_i(\infty)\big\rangle\big]$，可以从 V 中获得关联信息，例如两个可移动镜子及两模腔之间的关联纠缠信息。

对于可移动镜子，定义 $X_m = Q_1 + Q_2$，$Y_m = P_1 + P_2$。同理，对于两模腔场，定义 $X_f = X_1 - X_2$，$Y_f = Y_1 + Y_2$。实验中，可以利用零拍探测法测量此正交量[86]，进而判断是否存在纠缠。Simon在文献［87］中提出，利用协方差关联矩阵度量纠缠的方法具有简洁性。当两模腔场的矢量表示为 $\boldsymbol{f} = (\delta q_1,\ \delta p_1,\ \delta q_2,\ \delta p_2)^{\mathrm{T}}$ 时，对于这个物理态，协方差矩阵必须遵循Robertson-Schrodinger不确定关系

$$V + \frac{\mathrm{i}}{2}\boldsymbol{\beta} \geqslant 0 \tag{3.11}$$

式中，$\boldsymbol{\beta} = \begin{bmatrix} \boldsymbol{J} & 0 \\ 0 & \boldsymbol{J} \end{bmatrix}$，$\boldsymbol{J} = \begin{bmatrix} 0 & 1 \\ -1 & 0 \end{bmatrix}$。如果此态是分离的，那么部分转置矩阵 $\tilde{V}$（在矩阵 V 中将 p_j 用 $-p_j$ 代替）仍然满足不等式（3.11）。借助式（3.10）的定义，所有转置矩阵的辛本征值都应该大于1/2。通过求解 $-(\boldsymbol{\beta}\tilde{V})^2$ 的本征值的平方根可得到辛本征值[88, 89]。因此如果最小的本征值小于1/2，转置模则是非分离态。对于两模高斯态，不等式是转置模和剩余模之间存在纠缠的一个充分必要条件。

根据马尔可夫近似，忽略系统对频率的依赖性，因此，选择在频率区域处理系统。当选取的参数满足稳态条件时（矩阵 A 的所有本征值的实部是负数），量子涨落算符的稳态关联矩阵满足Lyapunov方程

$$A V + V A^{\mathrm{T}} = -D \tag{3.12}$$

式中，$D = \mathrm{diag}[0,\ \gamma_{m1}(2N+1),\ 0,\ \gamma_{m1}(2N+1),\ \kappa_1(2N+1),\ \kappa_1(2N+1),$
$\kappa_1(2N+1),\ \kappa_1(2N+1),\ \kappa_2(2N+1),\ \kappa_2(2N+1),\ 0,\ 0,\ 0,\ 0]$。为了方便计算，假设两个可移动镜子及两模场具有相同的参数，例如 $g_1 = g_2$，$\omega_{m1} = \omega_{m2}$，$\omega_{l1} = \omega_{l2}$，…。另外，有效失谐也相同，即 $\tilde{\Delta}_1 = \tilde{\Delta}_2 = \Delta$。当 $|a\rangle$ 和 $|c\rangle$ 处于最佳相干时，模拟原子诱导产生的两模腔场及两振子之间的纠缠见图3.2。

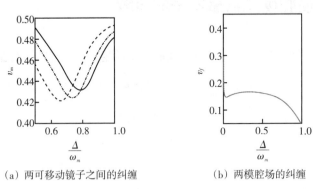

（a）两可移动镜子之间的纠缠　　　　（b）两模腔场的纠缠

图3.2　两可移动镜子及两模腔场之间的纠缠

注：①图（a），对于不同的耦合，$g_1 = 2\pi \times 1.5 \times 10^5$ Hz（实线），$2\pi \times 1.7 \times 10^5$ Hz（点虚线），$2\pi \times 2.0 \times 10^5$ Hz（虚线）。②图（b），对于相同的耦合，$g_1 = 2\pi \times 2.2 \times 10^5$ Hz。对于所有的曲线，其他参数为 $L = 5$ mm，$m = 20$ ng，$\kappa_1 = \kappa_2 = 2\pi \times 215$ kHz，$\omega_{m1} = \omega_{m2} = 2\pi \times 10$ MHz。激光的波长 $\lambda = 810$ nm，功率为 10 mW，机械质量因子 $Q' = \dfrac{\omega_m}{\gamma_m} = 6700$，$r_a = 2000$，$r = 1.3$ MHz，$\delta_1 = \delta_2 = 4$ MHz，$T = 42\ \mu\mathrm{K}$。

在图3.2（a）中，随着腔场与原子的耦合强度增加，两个机械振子之间的最大压缩值移向较小的 Δ 值。腔场中的光压作用在可移动镜子上，光子被散射为 $\omega_j - \omega_m$ 和 $\omega_j + \omega_m$ 两部分。因此，当腔模与其中一个边带共振（$\Delta = \omega_m$）时，腔模与机械振子之间的非线性相互作用将会被加强，同时，腔场与可移动镜子之间的纠缠也会被增强。另外，从图3.2（a）得知，较大的机械耦合导致较大的两机械振子压缩。毫无疑问，原子与腔模的耦合和能级相干的原子影响纠缠态的产生。因此，$\tilde{g}_i$ 越大，压缩度越大。这里，通过调节入射率 r_a 可以增大耦合值 g_i。图3.2（b）反映了两模腔场之间的纠缠随着失谐 Δ 的变化。级联型三能级原子对应参数下转换过程，因此，很容易理解这样的系统存在两模纠缠。如果具有固定镜子的两模腔场耦合级联型的三能级原子，这个两模场存在纠缠。由此，进一步证实了当腔具有一个可移动镜子时，这个两模连续纠缠态仍然存在，并没有遭到破坏。通过数值模拟，发现如果原子与腔模之间的耦合值低于某个临界值，两个可移动镜子之间将不存在纠缠。只有选择合理的耦合值，才能得到两个可移动镜子之间纠缠。

总结以上分析，得到如下结论：级联型三能级原子诱导产生两模腔场之间的纠缠，在辐射压的作用下，这个两模腔场纠缠转移到两个可移动镜子纠缠；在此系统中，同时得到两个纠缠态即两模腔场之间和两个可移动镜子之间。然而，在没有耦合三能级原子的情况下，此模型简化为两个独立的单模腔光机械系统，类似于文献［90］。在文献［90］中，Joshi等人讨论了两个光腔、光腔与动镜子之间的非局域关联纠缠。通过比较发现，两光腔之间纠缠小于本章耦合有三能级原子时所得的结果。另外，文献［90］中两个可移动镜子之间并不存在纠缠。

3.4 两模腔场的输出纠缠

腔内纠缠信息并不能被直接运用，两模腔场的输出场纠缠才具有实际意义。此外，人们通过利用光谱过滤器，使得单模腔传送出多模式光，从而得到用于制备多体纠缠的一个可操作的多体系统。这一节研究两模场的输出纠缠。两模场的输入输出关系为

$$\delta a_{j,\text{out}} = \sqrt{2k_j}\,\delta a_j - \delta a_{j,\text{in}},\ j=1,\ 2 \tag{3.13}$$

对式（3.9）进行傅里叶变换，得到解 $f(\omega) = (-\mathrm{i}\omega - \boldsymbol{A})^{-1}\boldsymbol{B}$。结合式（3.13），得到输出场

$$f_{\text{out}}(\omega) = \boldsymbol{C}(-\mathrm{i}\omega - \boldsymbol{A})^{-1}\boldsymbol{B} - \boldsymbol{E} \tag{3.14}$$

式中，$\boldsymbol{C} = \mathrm{diag}\!\left(0,\ 0,\ 0,\ 0,\ \sqrt{2\kappa_1},\ \sqrt{2\kappa_1},\ \sqrt{2\kappa_2},\ \sqrt{2\kappa_2},\ 0,\ 0,\ 0,\ 0\right)$，
$\boldsymbol{E} = \left(0,\ 0,\ 0,\ 0,\ \sqrt{2\kappa_1},\ \sqrt{2\kappa_1},\ \sqrt{2\kappa_2},\ \sqrt{2\kappa_2},\ 0,\ 0,\ 0,\ 0\right)$。

得到输出关联矩阵 $V_{ij,\,\mathrm{out}}(\infty) = \frac{1}{2}\Big[\big\langle f_{i,\,\mathrm{out}}(\omega)f_{j,\,\mathrm{out}}(\omega') + f_{j,\,\mathrm{out}}(\omega')f_{i,\,\mathrm{out}}(\omega)\big\rangle\Big]$ 和压缩

谱

$$S_{\mathrm{out}}(\omega) = \frac{1}{2}\big[X_f(\omega)\delta X_f(\omega') + \delta X_f(\omega')\delta X_f(\omega) +$$

$$\delta Y_f(\omega)\delta Y_f(\omega') + \delta Y_f(\omega')\delta Y\big] \tag{3.15}$$

图3.3给出了两模压缩谱。

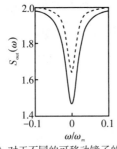 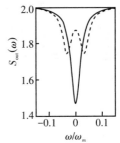

（a）对于不同的可移动镜子的频率　　　（b）对于不同的原子初态

图3.3　腔场输出压缩谱

注：①图（a）腔场输出压缩谱随着 ω/ω_m 的变化，$\omega_{m1} = \omega_{m2} = 2\pi \times 10\ \mathrm{MHz}$（实线），$2\pi \times 15\ \mathrm{MHz}$（虚线）。②图（b）腔场输出压缩谱随着 ω/ω_m 的变化，$\rho_{aa} = \rho_{ac} = \rho_{cc} = 0.5$（实线），$\rho_{aa} = \frac{1}{5}$，$\rho_{cc} = \frac{4}{5}$，$\rho_{ac} = \frac{2}{5}$（虚线），可移动镜子的频率 $\omega_{m1} = \omega_{m2} = 2\pi \times 10\ \mathrm{MHz}$。对于所有的曲线，$g_1 = g_2 = 2\pi \times 2.0 \times 10^5\ \mathrm{Hz}$，$\Delta = 0.8\omega_{m1}$，其他参数与图3.2相同。

从图3.3（a）发现，当输出频率等于腔场频率时（$\omega = 0$），压缩谱的波谷对应最大值，此时输出纠缠最大。从图3.3（a）可以看到，可移动镜子振动频率越大，压缩值反而越小。如果镜子是固定不动的，此时会得到最大的输出两模场压缩。这也意味着，机械振动频率越大，转移到两可动镜子之间纠缠越好。图3.3（b）给出了原子初态与压缩谱之间的关系。正如前面已经给出的结论，两模腔场间及两个可移动镜子间的纠缠来源于原子的相干能级。毫无疑问，原子的相干不仅影响腔内纠缠，还会影响腔场输出的纠缠。当原子处于能级相干最大的初态 $\rho_a^0 = \frac{1}{2}(|a\rangle + |c\rangle)(\langle a| + \langle c|)$，压缩谱在 $\omega = 0$ 处达到最大值。然而，当原子态为 $\rho_a^0 = \frac{1}{5}|a\rangle\langle a| + \frac{2}{5}(|a\rangle\langle c| + |c\rangle\langle a|) + \frac{4}{5}|c\rangle\langle c|$，压

缩谱分裂为两个波谷。对于这样的现象，可以理解为对于不同的起始原子态，在 $|a\rangle$ 和 $|c\rangle$ 的光子占据数也发现了变化，同时，使得两模稳态值 $|X_i^s|(|Y_i^s|)$ 不再相等。不同的涨落算符 $\delta X_1(\delta Y_1)$ 和 $\delta X_2(\delta Y_2)$ 使得压缩谱从一个波谷变为两个波谷。

3.5 本章小结

可以提出一个方案：利用三能级级联原子诱导产生两模腔场及两个机械振子的纠缠。可移动镜子的振动频率越大，则两模腔场输出纠缠越大。由于原子的相干能级导致纠缠的产生，因此最好的能级相干的初态输出谱的压缩值最大。反之，对于其他初态，压缩谱分裂为两个波谷。

4 ｜ 光机械系统中的类电磁诱导透明

本章主要分为5节：4.1节介绍了整个章节的研究背景。4.2节讨论了二能级原子耦合机械光腔，通过分析腔场输出场，发现输出探测场表现为类电磁诱导透明，并且原子数目越多，透明窗口越宽。此外，该方案再一次证明了原子媒介能够增强辐射压力。4.3节讨论了二能级原子系综与平方耦合光机械系统的混合系统。当控制场与探测场同时驱动腔场时，探测场的输出场表现为类电磁诱导透明。原子的存在使得吸收谱的极小值更接近零，同时，增强了薄膜位移算符的涨落及其能量。4.4节分析比较了在原子和腔光机械系统中产生电磁诱导透明的不同与相似之处。4.5节是本章小结。

4.1 研究背景

近年来，电磁诱导透明[69, 91-94]无论是在理论上[95-98]，还是在实验上[64, 99-100]，都成为一个广受关注的领域。电磁诱导透明在许多方面都有着重要应用，例如非线性增益的产生、慢光脉冲的传输[101-102]、光的存储[103]。传统的电磁诱导透明是三能级原子同时耦合控制场和探测场，两条激发路径发生相消干涉而导致产生的量子现象[104]。近年来，在没有原子媒介的条件下，人们发现利用超材料中的等离子振体能够产生类似的电磁诱导透明[105]。因此，腔光机械系统中的电磁诱导透明成为一个热门研究方向[62-64]。

本章基于以上这个研究热点，利用二能级原子耦合腔光机械系统，研究原子对电磁诱导透明产生的影响，以及对系统非线性等特性的影响。

4.2 原子对线性耦合光机械系统中电磁诱导透明的影响

最近，人们广泛关注腔光机械系统，并发现了许多新颖的现象。Genes等人提出利用经典激光驱动的腔场，使得机械振子冷却到基态[79]。Vitali等人指出借助辐射压力的作用，能够得到光腔与宏观振动镜子之间的纠缠[48]。在文献［62-63］，Agarwal和Huang证明了当探测场和控制场同时与高品质因子的腔场相互作用时，系统中存在电磁诱导透明现象。Weis等人在实验中验证了腔机械模系统中的电磁诱导透明现象[64]。

此外，在文献［76］中，作者指出，在耦合二能级原子的腔光机械混合系统中，这些原子有效地提高了腔内光子作用在机械振子上的辐射压力。人们自然会想到一个问题：当一个腔光机械系统耦合原子时，原子对电磁诱导透明产生怎样的效应呢？这一小节，考虑腔光机械系统中注入二能级原子系综，研究原子对电磁诱导透明现象的影响。

4.2.1 模型介绍及理论计算

考虑一个腔光机械系统，该系统耦合 N 个完全相同的二能级原子，如图4.1所示，右图为耦合原子能级示意图，其中，a为原子的高能级，b为原子的低能级。

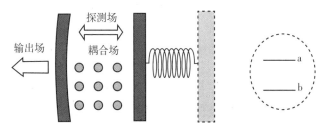

图4.1 一个固定镜子和一个可移动镜子组成的腔场模型示意图

注：一个固定镜子和一个可移动镜子组成腔场，镜子的可动性用一个弹簧表示。受两束激光驱动的腔场耦合于二能级原子系综。

腔中的可移动镜子可以被看作量子机械谐振子。一个频率为 ω_c 的经典激光作为控制场，另一个频率为 ω_p 的经典激光作为探测场，两束激光分别

作用于腔场。哈密顿量写为（$\hbar = 1$）

$$H = H_c + H_a + H_m + H_{c-m} + H_{a-c} + H_{c-l} \tag{4.1}$$

第一项

$$H_c = \omega_0 a^+ a \tag{4.2}$$

是腔场的能量，其中 $a(a^+)$ 是腔场的湮灭（产生）算符，ω_0 是当可移动镜子处于绝热态时腔场的频率。N 个二能级原子的能量表示为

$$H_a = \sum_{i=1}^{N} \left(\omega_a \sigma_{aa}^i + \omega_b \sigma_{bb}^i \right) \tag{4.3}$$

其中，$\omega_a(\omega_b)$ 是第 i 个原子的高能级 $|a\rangle$（低能级 $|b\rangle$）的能量（$\hbar = 1$）。可移动镜子使得一般法布里-帕罗腔产生了不同的物理性质。接下来，给出可移动镜子的自由哈密顿量 H_m 和光腔与振子的耦合作用项 H_{c-m}。

$$H_m = \frac{p^2}{2m} + \frac{1}{2} m \omega_m^2 x^2 \tag{4.4}$$

其中，p，x，ω_m 和 m 分别是可移动镜子的动量、位移、频率和质量。

第四项为

$$H_{c-m} = -\frac{\omega_0}{l} x a^+ a \tag{4.5}$$

其中，l 是当可移动镜子处于平衡时腔场的长度。这项体现了辐射压对可移动镜子的作用。

$$H_{a-c} = \sum_{i=1}^{N} \left(g a \sigma_{ab}^i + g a^+ \sigma_{ba}^i \right) \tag{4.6}$$

式（4.6）表示原子系综与腔模的相互作用哈密顿量。$g = -\mu \sqrt{\dfrac{\omega_0}{2V\varepsilon_0}}$，其中 μ 是二能级之间的电偶极矩，V 是腔场体积，ε_0 是真空介电常数。当腔的长度变化，腔模的频率及耦合值 g 也发生变化。然而，腔模频率的变化量非常小。为了便于计算，忽略腔模频率对耦合值 g 的影响。经典场与腔场相互作用项表示为

$$H_{c-l} = \mathrm{i}\varepsilon_c \left(a^+ \mathrm{e}^{-\mathrm{i}\omega_c t} - a \mathrm{e}^{\mathrm{i}\omega_c t} \right) + \mathrm{i} \left(a^+ \varepsilon_p \mathrm{e}^{-\mathrm{i}\omega_p t} - a \varepsilon_p^* \mathrm{e}^{\mathrm{i}\omega_p t} \right) \tag{4.7}$$

$\varepsilon_c = \sqrt{\dfrac{2\kappa p_c}{\omega_c}}$ 和 $\varepsilon_p = \sqrt{\dfrac{2\kappa p_p}{\omega_p}}$ 是泵浦场和探测场的振幅。其中，$p_c(p_p)$ 是泵浦场

（探测场）的功率，κ 是腔模的耗散率。在原子数 N 非常大的情况下，将腔场内的原子看作一个整体；定义原子系综的集体半自旋算符为 $c = \dfrac{1}{\sqrt{N}} \sum\limits_{i=1}^{N} \sigma_{ba}^{i}$。原子的集体算符满足玻色对易关系 $[c, c^{+}] = 1$。根据式（4.1），海森堡-朗之万方程写为

$$\frac{\mathrm{d}x}{\mathrm{d}t} = \frac{p}{m}$$

$$\frac{\mathrm{d}p}{\mathrm{d}t} = -\gamma_{m} p + \frac{\omega_{0}}{l} a^{+} a - m\omega_{m}^{2} x + \xi$$

$$\frac{\mathrm{d}a}{\mathrm{d}t} = -\left[\kappa + \mathrm{i}\left(\omega_{0} - \frac{\omega_{0}}{l}x\right)\right]a + \varepsilon_{c}\mathrm{e}^{-\mathrm{i}\omega_{c}t} +$$

$$\varepsilon_{p}\mathrm{e}^{-\mathrm{i}\omega_{p}t} - \mathrm{i}g\sqrt{N}c + \sqrt{2\kappa}\,a_{\mathrm{in}} \qquad (4.8)$$

$$\frac{\mathrm{d}c}{\mathrm{d}t} = -(\mathrm{i}\omega_{ab} + \gamma)c - \mathrm{i}g\sqrt{N}a + \sqrt{2\gamma}\,c_{\mathrm{in}}$$

其中，引入了原子态 $|a\rangle \leftrightarrow |b\rangle$ 之间跃迁的耗散率 γ、可移动镜子的耗散率 γ_{m}。原子、腔场和可移动镜子的量子噪声 c_{in}，a_{in} 和 ξ 满足以下关系：

$$\langle a_{\mathrm{in}}(t)a_{\mathrm{in}}^{+}(t')\rangle = \langle c_{\mathrm{in}}(t)c_{\mathrm{in}}^{+}(t')\rangle = \delta(t - t')$$

$$\langle \xi(t)\xi(t')\rangle = (\gamma_{m}/2\pi\omega_{m})\int \mathrm{d}\omega \mathrm{e}^{-\mathrm{i}(t-t')}[\coth(\hbar\omega/2k_{B}T) + 1],$$

$$\langle f(t)\rangle = 0, \quad (f = \xi,\ a_{\mathrm{in}},\ c_{\mathrm{in}})$$

通过对 $\langle a^{+}a\rangle$，$\langle xa\rangle$ 进行因式分解和做以下变换

$$a = \tilde{a}\mathrm{e}^{-\mathrm{i}\omega_{c}t}$$
$$c = \tilde{c}\mathrm{e}^{-\mathrm{i}\omega_{c}t} \qquad (4.9)$$

得到平均值行为方程

$$\left.\begin{aligned}
\frac{\mathrm{d}}{\mathrm{d}t}\langle x\rangle &= \frac{\langle p\rangle}{m} \\[4pt]
\frac{\mathrm{d}}{\mathrm{d}t}\langle p\rangle &= -\gamma_{m}\langle p\rangle + \frac{\omega_{0}}{l}\langle a^{+}\rangle\langle a\rangle - m\omega_{m}^{2}\langle x\rangle \\[4pt]
\frac{\mathrm{d}}{\mathrm{d}t}\langle a\rangle &= -\left[\kappa + \mathrm{i}\left(\omega_{0} - \omega_{c} - \frac{\omega_{0}}{l}\langle x\rangle\right)\right]\langle \tilde{a}\rangle + \\[4pt]
&\quad \varepsilon_{p}\mathrm{e}^{-\mathrm{i}(\omega_{p}-\omega_{c})t} + \varepsilon_{c} - \mathrm{i}g\sqrt{N}\langle\tilde{c}\rangle \\[4pt]
\frac{\mathrm{d}}{\mathrm{d}t}\langle c\rangle &= -\left[\mathrm{i}(\omega_{ab} - \omega_{c}) + \gamma\right]\langle\tilde{c}\rangle - \mathrm{i}g\sqrt{N}\langle\tilde{a}\rangle
\end{aligned}\right\} \qquad (4.10)$$

从中发现，式（4.10）含有时间的指数项 $e^{-i(\omega_p-\omega_c)t}$。由于探测场的振幅 ε_p 非常小，因此，式（4.10）的稳态解只近似到 ε_p 的一阶。在 $t\to\infty$ 的条件下，每个算符具有形式

$$\langle h\rangle = h_0 + h_+\varepsilon_p e^{-i\delta t} + h_-\varepsilon_p^* e^{i\delta t} \tag{4.11}$$

其中，h 指的是 x，p，a 或者 a；$\delta=\omega_p-\omega_c$。通过将式（4.11）代入式（4.10）并忽略含有 ε_p^2，ε_p^{*2} 和 $|\varepsilon_p|^2$ 的项，得到 $\langle x\rangle(\langle p\rangle,\ \langle\tilde{a}\rangle$ 和$\langle\tilde{c}\rangle)$ 和的平均值。最终的结果为

$$\left.\begin{aligned}
\langle x_0\rangle &= \frac{\omega_0\left|\tilde{a}_0\right|^2}{ml\omega_m^2}\\[2mm]
\langle\tilde{a}_0\rangle &= \frac{\varepsilon_c}{\kappa+i\Delta+\dfrac{g^2N}{i\Delta_a+\gamma}}a\\[2mm]
\langle\tilde{a}_+\rangle &= \frac{1}{K}\Big[\big(\kappa-i(\Delta+\delta)+M\big)\big(\omega_m^2-\delta^2-i\delta\gamma_m\big)+i2\beta\omega_m\Big]
\end{aligned}\right\} \tag{4.12}$$

其中

$$\left.\begin{aligned}
K &= \big[\kappa+i(\Delta-\delta)+L\big]\big[\kappa-i(\Delta+\delta)+M\big]\big(\omega_m^2-\delta^2-i\delta\gamma_m\big)+\\
&\quad i2\beta\omega_m(i2\Delta-M+L)\\[2mm]
M &= \frac{g^2N}{\gamma-i\delta-i\Delta_a}\\[2mm]
L &= \frac{g^2N}{\gamma-i\delta+i\Delta_a}\\[2mm]
\Delta_a &= \omega_{ab}-\omega_c\\[2mm]
\Delta &= \omega_0-\omega_c-\frac{2\beta}{\omega_m}\\[2mm]
\beta &= \frac{\omega_0^2\left|\tilde{a}_0\right|^2}{2m\omega_m l^2}
\end{aligned}\right\} \tag{4.13}$$

通过比较式（4.12）和式（4.13）与文献［62］发现，当没有原子介质时（$g=0$），$\langle\tilde{a}_0\rangle=\dfrac{\varepsilon_c}{\kappa+i\Delta}$ 和 $2\kappa\langle\tilde{a}_+\rangle$ 与文献［62］中式子（6）的结果相同。在耦合原子的系统中，原子介质的存在使得 κ 增加了额外的一项。例如，在

式（4.12）中的表达式 $\langle\tilde{a}_0\rangle$，$k$ 增加了 $\mathrm{Re}\left(\dfrac{g^2 N}{\mathrm{i}\Delta_a + \gamma}\right)$。在式（4.12）和式

（4.13）中的表达式 $\langle\tilde{a}_+\rangle$，$k$ 增加了 $\mathrm{Re}(M)$ 或 $\mathrm{Re}(L)$，因此，腔场的有效耗散可写为

$$k' = \kappa + A g^2 N \tag{4.14}$$

其中，A 代表常数因子。原子的存在增强了腔场的有效耗散率。更为重要的是，有效失谐量 Δ 的减小等价于辐射压力的增强。在式（4.12）中的表达式 $\langle\tilde{a}_0\rangle$，原子的存在影响失谐量 Δ 减去值 $\left(\dfrac{g^2 N \Delta_a}{\mathrm{i}\Delta_a^2 + \gamma^2}\right)$。同理，检查式（4.12）中的表达式，发现失谐量 $\langle\tilde{a}_+\rangle$ 总是减小，如 $\Delta' = \Delta - B g^2 N$（$B$ 代表常数因子），因此

$$\Delta' = \omega_0 - \omega_c - \frac{2\beta}{\omega_m} - B g^2 N \tag{4.15}$$

第三项体现了腔内辐射压力；原子的存在（第四项）增强了辐射压力（第三项），即有效辐射压力为 $\dfrac{2\beta}{\omega_m} + B g^2 N$。因此，随着原子数目的增多，非线性效应增强。这与文献［76］的结论一致，再一次证实了原子能够增强腔模与镜子之间的耦合。

接下来，研究原子对电磁诱导透明的影响。通过利用输入输出关系，得到接下来的形式

$$\varepsilon_{\text{out}}(t) + \varepsilon_p \mathrm{e}^{-\mathrm{i}\delta t} + \varepsilon_c = 2\kappa\langle\tilde{a}\rangle \tag{4.16}$$

假定

$$\varepsilon_{\text{out}}(t) = \varepsilon_{\text{out},\,0} + \varepsilon_{\text{out}+}\varepsilon_p \mathrm{e}^{-\mathrm{i}\delta t} + \varepsilon_{\text{out}-}\varepsilon_p^* \mathrm{e}^{\mathrm{i}\delta t} \tag{4.17}$$

将式（4.17）代入式（4.16），可以得到

$$\left.\begin{aligned}
\varepsilon_{\text{out},\,0} &= 2\kappa\langle\tilde{a}_0\rangle - \varepsilon_c \\
\varepsilon_{\text{out}+} &= 2\kappa\langle\tilde{a}_+\rangle - 1 \\
\varepsilon_{\text{out}-} &= 2\kappa\langle\tilde{a}_-\rangle
\end{aligned}\right\} \tag{4.18}$$

从式（4.18）看到 $\varepsilon_{\text{out}+}$ 对应探测场的频率 ω_p。因此，接下来通过研究

$\langle \tilde{a}_+ \rangle$ 的效应，从而了解输出场电磁诱导透明的性质。根据吸收和色散理论知道，$\text{Re}(\chi)$ 代表输出场的吸收谱，$\text{Im}(\chi)$ 代表输出场的色散谱。在 $\delta = \pm \omega_m$ 或 $\delta = \pm \Delta$ 的情况下，机械振子 $\chi = \varepsilon_{\text{out}+} + 1 = 2\kappa \langle \tilde{a}_+ \rangle$ 与腔模的耦合最强。为了便于计算，考虑极限值 $\omega_m \gg \kappa$ 和近似 $\Delta \approx \omega_m$。

4.2.2 原子对光机械系统中电磁诱导透明的影响

这一小节依据当前实验数据[32]，对 χ 进行模拟。耦合场的波长 $\lambda_c = \dfrac{2\pi c}{\omega_c} = 1064 \, \text{nm}$，腔场长度 $l = 25 \, \text{mm}$，可移动镜子的质量 $m = 145 \, \text{ng}$，腔漏损率 $\kappa = 2\pi \times 215 \times 10^3 \, \text{Hz}$，可移动镜子的振动频率 $\omega_m = 2\pi \times 947 \times 10^3 \, \text{Hz}$，机械振子的质量因子 $Q = \dfrac{\omega_m}{\gamma_m} = 6700$，耦合激光场的功率 $p_c = 2 \, \text{mW}$。根据文献 [106]，原子的耗散率 $\gamma = 2\pi \times 4 \times 10^2 \, \text{Hz}$ 和 $g\sqrt{N} = 2\pi \times 1.59 \times 10^5 \, \text{Hz}$，原子与耦合场共振即 $\Delta_a = 0$。

χ 的实部和虚部分别代表吸收谱和色散谱。基于以上给出的参数，画出 χ 随 $\dfrac{\theta}{\omega_m}$ 的变化曲线（$\theta = \delta - \omega_m$），如图 4.2 所示。当 $\dfrac{\theta}{\omega_m} = 0$ 时，$\text{Re}(\chi)$ 和 $\text{Im}(\chi)$ 都等于零，所以，图 4.2 表现了电磁诱导透明所具有的典型的性质。

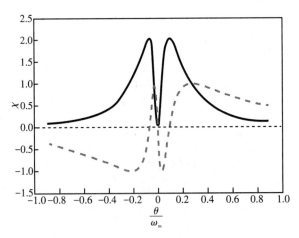

图 4.2 χ 随着 $\dfrac{\theta}{\omega_m}$ 的变化 [实线（虚线）对应 χ 的实部（虚部）]

接下来研究原子对电磁诱导透明的影响。在不改变参数的条件下，给出与原子有关的参数 $g\sqrt{N}$ 对电磁诱导透明的影响（见图4.3和图4.4）。与没有原子的情况相比，原子的引入使得 $\mathrm{Re}(\chi)$ 和 $\mathrm{Im}(\chi)$ 都向右移动了一点，同时透明的窗口变宽。笔者发现，$g\sqrt{N}$ 越大，透明窗口越宽。对于参数 $g\sqrt{N}$，假定原子与腔模的耦合系数 g 不变，原子的数目 N 增加导致 $g\sqrt{N}$ 增大。正如文献［107］所描述的，均匀/非均匀的耗散率有利于扩宽电磁诱导透明的窗口。在该系统中，原子的存在有效地增加了腔场耗散率，因此透明窗口的

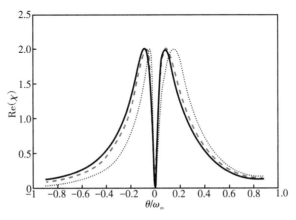

图4.3 $\mathrm{Re}(\chi)$ 与 $\dfrac{\theta}{\omega_m}$ 的关系

注：①0 Hz（实线）。② $2\pi\times1.59\times10^5$ Hz （虚线）。③ $2\pi\times3.18\times10^5$ Hz （点线）。$\gamma=2\pi\times4\times10^2$ Hz 和 $\Delta_a=0$。其他参数同图4.2。

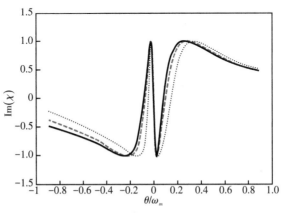

图4.4 $\mathrm{Im}(\chi)$ 与 $\dfrac{\theta}{\omega_m}$ 的关系

注：参数同图4.3。

宽度也将扩宽。二能级原子的引入，一方面增加腔场有效耗散率，另一方面增加辐射压力。因此，通过调节二能级原子的数目 N 可以实现控制透明窗口的宽度。另外，在文献［108］中，研究 Λ 型三能级原子对腔光机械系统中电磁诱导透明的影响，结果表明：Λ 型三能级原子和输出腔场同时表现为电磁诱导透明。

4.2.3　小结

本节根据当前的实验进展和理论基础，提出引入二能级原子系综到腔光机械系统中，展示了系统中存在电磁诱导透明现象。与已有的方案相比，原子的存在扩宽了透明窗口的宽度。因此，该方案有利于提高测量电磁诱导透明精度。此外，再一次证实了原子能够有效地增强作用在可移动镜子上的辐射压力。

4.3　原子对平方耦合光机械系统中电磁诱导透明的影响

第 2 章已经介绍了光腔与机械振子之间的耦合可以正比于振子位移，也可以正比于机械振子位移的平方值。当薄膜位于腔场的几何中心且腔模的频率为奇数个半波长时，可得到腔光机械平方耦合系统。近几年来，人们对腔光机械平方耦合系统进行了广泛的研究[19, 21, 65, 109]。例如，J. C. Sankey 等人[21] 实现了不同耦合形式的机械系统，如腔场失谐量依赖于一次的、平方的或者四次方的机械薄膜的位移。在文献［110］中，作者指出如何利用平方耦合机械系统实现振子的机械压缩。在文献［111］中，作者理论上描述了在耦合 SiN 薄膜和单个原子的高精度腔场中，从原子的压缩态或者 Fock 态转移到薄膜的可行性。

此外，人们发现腔光机械平方耦合系统中存在电磁诱导透明现象[63]。4.2 节描述了原子系综的引入可以扩宽线性耦合的腔光机械系统中电磁诱导透明的窗口宽度[112]。那么，现在的问题是：如果将原子系综注入腔光机械平方耦合的系统中，原子对系统中的电磁诱导透明又会产生怎样的影响呢？基于前面工作的启发，下面对此问题进行探索研究。

4.3.1 模型描述和理论计算

需要考虑的系统由距离为 L 的两个固定镜子和一个位于腔场几何中心且透射率为 R 的薄膜组成，如图4.5所示，右图为耦合原子能级示意图，其中，a 为原子的高能级，b 为原子的低能级。左边的镜子具有半透射半反射性，右边的镜子具有全反射性。一个驱动功率较弱的经典场作为探测场与一个波长为 λ 的经典场作为耦合场，它们同时从左边的镜子射入腔内。另外，N 个完全相同的二能级原子平均地分布在薄膜两侧。

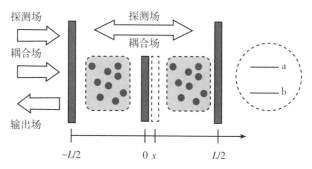

图4.5　两个固定镜子和一个可振动的薄膜形式腔光机械平方耦合系统模型示意图

注：N 个二能级原子置于薄膜两侧。一个耦合场和一个探测激光从左边的镜子入射到腔场中。

系统的自由哈密顿量写为

$$H_0=\left(\frac{p^2}{2m}+\frac{1}{2}m\omega_m^2x^2\right)+\sum_{i=1}^N\left(\hbar\omega_a\sigma_{aa}^i+\hbar\omega_b\sigma_{bb}^i\right)+\hbar\omega_0a^+a+\hbar g a^+ax^2 \quad (4.19)$$

第一项指的是薄膜的自由哈密顿量；p，x，ω_m 和 m 分别是薄膜的动量、位移、频率和质量。第二项代表了 N 个二能级原子的自由能，其中 $\omega_a(\omega_b)$ 对应第 i 个二能级原子的高能级 $|a\rangle$（低能级 $|b\rangle$）的频率，$\sigma_{ij}=|i\rangle\langle j|$ 是原子的泡利算符。$a(a^+)$ 是腔模的湮灭（产生）算符。

相互作用哈密顿量写为

$$H_I=\sum_{i=1}^N\hbar g_a\left(a\sigma_{ab}^i+a^+\sigma_{ba}^i\right)+i\hbar\varepsilon_c\left(a^+e^{-i\omega_c t}-ae^{i\omega_c t}\right)+$$
$$i\hbar\left(a^+\varepsilon_p e^{-i\omega_p t}-a\varepsilon_p^* e^{i\omega_p t}\right) \quad (4.20)$$

第一项是原子与腔模的相互作用哈密顿量，g_a 是它们之间的耦合系数。剩余两项指的是频率为 ω_c 的耦合场和频率为 ω_p 的探测场与腔场的相互作用哈密顿量。$\varepsilon_j = \sqrt{\dfrac{2\kappa p_j}{\omega_j}}$（$j = c$，$p$）是耦合场和探测场的振幅，其中 p_c（p_p）是耦合场（探测场）的功率。为了方便计算，笔者认为两个分腔场的频率相同。在原子数目很大的情况下，放在两个分腔中的原子被认为是一个整体。定义一个集体半自旋算符 $c = \dfrac{1}{\sqrt{N}} \sum\limits_{i=1}^{N} \sigma_{ba}^i$，它满足对易关系 $[c, c^+] = 1$。利用平均场近似即 $\langle \tilde{a}^+ \tilde{a} x \rangle = \langle \tilde{a}^+ \rangle \langle \tilde{a} \rangle \langle x \rangle$，可以得到平均值的演化方程

$$\left.\begin{aligned}
\frac{\mathrm{d}}{\mathrm{d}t}\langle x' \rangle &= \frac{\langle p \rangle}{m} \\
\frac{\mathrm{d}}{\mathrm{d}t}\langle p \rangle &= -\gamma_m \langle p \rangle - 2\hbar g \langle a^+ \rangle \langle a \rangle \langle x \rangle - m\omega_m^2 \langle x \rangle \\
\frac{\mathrm{d}}{\mathrm{d}t}\langle \tilde{a} \rangle &= -\left[\kappa + \mathrm{i}\left(\omega_0 - \omega_c - g\langle x^2 \rangle\right)\right]\langle \tilde{a} \rangle + \\
&\quad \varepsilon_p \mathrm{e}^{-\mathrm{i}\left(\omega_p - \omega_c\right)t} + \varepsilon_c - \mathrm{i}G_a\langle \tilde{c} \rangle \\
\frac{\mathrm{d}}{\mathrm{d}t}\langle \tilde{c} \rangle &= -\left[\mathrm{i}\left(\omega_{ab} - \omega_c\right) + \gamma\right]\langle \tilde{c} \rangle - G_a\langle \tilde{a} \rangle
\end{aligned}\right\} \tag{4.21}$$

其中，$\tilde{a}$ 和 $\tilde{c}$ 是

$$a = \tilde{a}\mathrm{e}^{-\mathrm{i}\omega_c t}, \quad c = \tilde{c}\mathrm{e}^{-\mathrm{i}\omega_c t} \tag{4.22}$$

此外，$G_a = g_a\sqrt{N}$。通过式（4.21）可知，薄膜位移的稳态平均值是 $\langle x \rangle = 0$，这与线性耦合腔光机械系统的结果不同。然而，由于热环境和零点涨落，薄膜势能 $\dfrac{1}{2}m\omega_m^2\langle x^2 \rangle$ 是非零值。为了计算 $\langle x^2 \rangle$，可以写出

$$\left.\begin{aligned}
\frac{\mathrm{d}}{\mathrm{d}t}\langle x^2 \rangle &= \frac{1}{m}\langle px + xp \rangle \\
\frac{\mathrm{d}}{\mathrm{d}t}\langle p^2 \rangle &= -\left(m\omega_m^2 + 2\hbar\langle \tilde{a}^+ \rangle\langle \tilde{a} \rangle\right)(xp + px) - 2\gamma_m\langle p^2 \rangle + \\
&\quad \gamma_m(1 + 2n)m\hbar\omega_m \\
\frac{\mathrm{d}}{\mathrm{d}t}\langle px + xp \rangle &= \frac{2\langle p^2 \rangle}{m} - 2\left(m\omega_m^2 + 2\hbar\langle \tilde{a}^+ \rangle\langle \tilde{a} \rangle\right)\langle x^2 \rangle - \gamma_m\langle px + xp \rangle
\end{aligned}\right\} \tag{4.23}$$

其中薄膜与热环境的耦合引入系数为 $\gamma_m(1 + 2n)m\hbar\omega_m$，平均声子数 $n = \left(\mathrm{e}^{\frac{\hbar\omega_m}{k_B T}} - 1\right)^{-1}$。

由于探测场的振幅 ε_p 小于耦合场振幅 ε_c，所以，当 $t \to \infty$ 时，式（4.21）和式（4.23）的稳态解可以近似到 ε_p 的一阶项。每个算符均具有形式

$$\langle h \rangle = h_0 + h_+ \varepsilon_p \mathrm{e}^{-\mathrm{i}\delta t} + h_- \varepsilon_p^* \mathrm{e}^{\mathrm{i}\delta t} \tag{4.24}$$

其中，h 指的是 $\tilde{a}$、$\tilde{c}$、e、b 或者 s；$\delta = \omega_p - \omega_c$。$e$、$b$ 和 s 分别指 (x^2)、(p^2) 和 $(px + xp)$。将式（4.24）代入式（4.21）和式（4.23），并忽略含有 ε_p^2、ε_p^{*2} 和 $|\varepsilon_p|^2$ 的项，得到

$$
\left.
\begin{aligned}
&\tilde{a}_0 = \dfrac{\varepsilon_c}{\kappa + \mathrm{i}\Delta + \dfrac{G_a^2}{\mathrm{i}\Delta_a + \gamma}} \\[2ex]
&e_0 = \dfrac{b_0}{m^2 \omega_m^2 (1 + 2\alpha)} \\[2ex]
&b_0 = (1 + 2n) \dfrac{m\hbar\omega_m}{2} \\[2ex]
&s_0 = 0 \\[2ex]
&\langle \tilde{a}_+ \rangle = \dfrac{1}{K} \big\{ [\kappa - \mathrm{i}(\Delta + \delta) + M](\gamma_m - \mathrm{i}\delta) \times \\
&\qquad\qquad (-4\omega_m^2 + \delta^2 + 2\mathrm{i}\delta\gamma_m - 8\alpha\omega_m^2) - \mathrm{i}4\alpha\beta\omega_m^3(2\gamma_m - \mathrm{i}\delta) \big\}
\end{aligned}
\right\} \tag{4.25}
$$

其中

$$
\left.
\begin{aligned}
&K = [\kappa + \mathrm{i}(\Delta - \delta) + L][\kappa - \mathrm{i}(\Delta + \delta) + M](\gamma_m - \mathrm{i}\delta) \times \\
&\qquad (\delta^2 - 4\omega_m^2 + 2\mathrm{i}\delta\gamma_m - 8\alpha\omega_m^2) + \\
&\qquad \mathrm{i}4\alpha\beta m\omega_m^3 (2\gamma_m - \mathrm{i}\delta)(-\mathrm{i}2\Delta + M - L) \\[2ex]
&M = \dfrac{G_a^2}{\gamma - \mathrm{i}\delta - \mathrm{i}\Delta_a} \\[2ex]
&L = \dfrac{G_a^2}{\gamma - \mathrm{i}\delta + \mathrm{i}\Delta_a} \\[2ex]
&\alpha = \dfrac{\hbar g |\tilde{a}_0|^2}{m\omega_m^2} \\[2ex]
&\beta = \dfrac{g e_0}{\omega_m} \\[2ex]
&\Delta_a = \omega_{ab} - \omega_c \\[1ex]
&\Delta = \omega_0 - \omega_c - \beta\omega_m
\end{aligned}
\right\} \tag{4.26}
$$

观察式（4.26），容易发现，在 $\tilde{a}_0$ 的表达式中，$\tilde{a}_0$ 与能够反映原子数目的量 G_a 相关；α 的值正比于 $|\tilde{a}_0|^2$。此外，在 e_0，即 $\langle x^2 \rangle_0$ 的表达式中，e_0 的大小与 α 息息相关。因此，很容易得知原子的数目必将影响 e_0；同理，原子的数目对腔模频率的变化 β 有着重要影响［见式（4.26）中的 β 表达式］。因此，腔模频率的变化 β 同样依赖于原子数目［见式（4.26）最后一项］。

4.3.2　原子对电磁诱导透明、薄膜能量和位移的影响

在腔模与机械振子线性耦合的腔光机械系统中，原子可以有效增强辐射压力，并且可以扩宽系统中电磁诱导透明的窗口。对于腔光机械平方耦合系统，需要研究原子如何对参数 β 产生影响，并且证明原子的存在增强了电磁诱导透明中的吸收。运用文献［19］中的实验参数，耦合场的波长 $\lambda = \dfrac{2\pi c}{\omega_c} = 532\ \text{nm}$，耦合场的功率 $p_c = 90\ \mu\text{W}$，腔场长度 $L = 6.7\ \text{cm}$，薄膜的质量 $m = 10^{-9}\ \text{g}$，腔模的耗散率 $\kappa = 2\pi \times 10^4\ \text{Hz}$，薄膜的频率 $\omega_m = 2\pi \times 10^5\ \text{Hz}$，薄膜与腔模的耦合系数 $g = 2\pi \times 1.8 \times 10^{23}\ \text{Hz/m}^2$，机械品质因子 $Q = \dfrac{\omega_m}{\gamma_m} = 3.14 \times 10^4$。原子的耗散率 $\gamma = 2\pi \times 5 \times 10^6\ \text{Hz}$。考虑共振条件 $\Delta_a = 2\omega_m$ 和 $\Delta = 2\omega_m$。图 4.6 给出了参数 β 随着 G_a 的变化，发现 β 随着 G_a 单调增加。如 4.2 节内容所介绍，在 $G_a = g_a \sqrt{N}$ 中，原子与腔模的耦合系数 g_a 不变，原子的数目 N 增加使得 G_a 增加。由于 g 和 ω_m 保持不变，随着原子数增加，β 的增长等价于 e_0 的增长。对于腔光机械平方耦合的系统，薄膜位移的平均值为零（$\langle x \rangle = 0$）；因此，$\langle x^2 \rangle_0$ 的增长反映出薄膜位移涨落的增长（$(\langle \Delta x \rangle)^2 = \langle x^2 \rangle$）。文献［63］指出，在电磁诱导透明中，薄膜位移的涨落所起的作用与原子能级相干类似。接下来给出薄膜位移的涨落如何影响平方耦合腔光机械系统中的电磁诱导透明。另外，薄膜的势能 $\dfrac{1}{2} m \omega_m^2 \langle x^2 \rangle_0$ 仍然随着原子数目的增加而增加。由式（4.26）可知，对于给定的 n 和 m，薄膜的动量 $\dfrac{\langle p^2 \rangle_0}{2m} = (1 + 2n)\dfrac{\hbar \omega_m}{4}$ 是一个常数。因此，薄膜的能量 $E_m = \dfrac{\langle p^2 \rangle_0}{2m} + \dfrac{1}{2} m \omega_m^2 \langle x^2 \rangle_0$

也随着原子数的增加而增加。可以理解为，薄膜位移的涨落的增加来源于薄膜能量的增加。

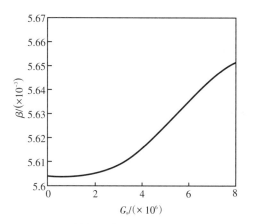

图 4.6 腔模频率的变化量 β 与 G_a 的关系

注：所取参数为 $\lambda = \dfrac{2\pi c}{\omega_c} = 532$ nm， $p_c = 90\ \mu\text{W}$， $L = 6.7$ cm， $m = 10^{-9}$ g， $\kappa = 2\pi \times 10^4$ Hz， $\omega_m = 2\pi \times 10^5$ Hz， $g = 2\pi \times 1.8 \times 10^{23}$ Hz/m^2， $Q = \dfrac{\omega_m}{\gamma_m} = 3.14 \times 10^4$， $\gamma = 2\pi \times 5 \times 10^6$ Hz， $\Delta_a = 2\omega_m$ 和 $\Delta = 2\omega_m$。

接下来，研究腔光机械平方耦合系统中的类似电磁诱导透明现象。利用输入输出理论，得到

$$\varepsilon_{\text{out}}(t) + \varepsilon_p \text{e}^{-\text{i}\delta t} + \varepsilon_c = 2\kappa \langle \tilde{a} \rangle \tag{4.27}$$

如果 $\varepsilon_{\text{out}}(t)$ 可以写为

$$\varepsilon_{\text{out}}(t) = \varepsilon_{0,\ \text{out}} + \varepsilon_{\text{out}+}\varepsilon_p \text{e}^{-\text{i}\delta t} + \varepsilon_{\text{out}-}\varepsilon_p^* \text{e}^{\text{i}\delta t} \tag{4.28}$$

将式（4.28）代入式（4.27），得到

$$\varepsilon_{\text{out}+} = 2\kappa \langle \tilde{a}_+ \rangle - 1 \tag{4.29}$$

ε_{out} 反映了探测场频率 ω_p 的振幅，因此，输出场 $\varepsilon_{\text{out}+}$ 可以体现电磁诱导透明的性质。输出场的正交量 $\chi = \varepsilon_{\text{out}+} + 1 = 2\kappa \tilde{a}_+ = \chi_1 + \text{i}\chi_2$ 可以通过零拍探测法被测得，它们分别反映了吸收和色散关系。对于不同的 G_a，系统表现为透明，如图4.7所示。

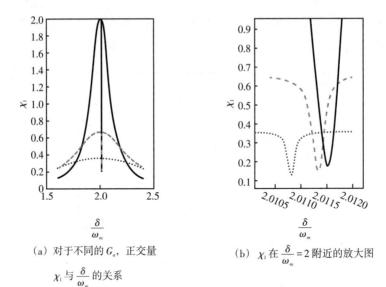

（a）对于不同的 G_a，正交量 χ_1 与 $\frac{\delta}{\omega_m}$ 的关系

（b）χ_1 在 $\frac{\delta}{\omega_m}=2$ 附近的放大图

图4.7 χ_1 与 $\frac{\delta}{\omega_m}$ 的关系

注：① $G_a=0$ Hz（实线）。② $G_a=2\times10^6$ Hz（虚线）。③ $G_a=3\times10^6$ Hz（点线）。其余参数同图4.6。

当系统中没有原子（$G_a=0$），χ_1 变化（实线）与文献［63］的结论一致。当 G_a 值增加到 2×10^6 Hz 或者 3×10^6 Hz 时，在图4.7和4.8中，曲线的峰值的绝对值与没有原子的情况相比均减小了；吸收谱 χ_1 的最低点的值也

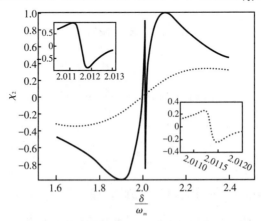

图4.8 对于不同的 G_a，正交量 χ_2 与 $\frac{\delta}{\omega_m}$ 的关系

注：① $G_a=0$ Hz（实线）。② $G_a=2\times10^6$ Hz（点线）。在 $\delta/\omega_m=2$ 附近有 χ_2 的放大图。其余参数同图4.7。

减小且更接近零值。正如对图4.6的分析，随着原子数的增加，薄膜位移涨落也相应地增加。传统的电磁诱导透明是由于原子能级的干涉相消。对于平方耦合的腔光机械系统而言，薄膜位移涨落和原子相干的能级扮演了相同的角色，导致了电磁诱导透明。

4.3.3 小结

本节研究了腔光机械平方耦合系统引入二能级原子系综的情况。当耦合场和探测场同时与腔模作用时，输出腔场表现为电磁诱导透明。通过分析稳态解，发现原子能够增强薄膜位移的涨落及能量。在 $\delta \approx 2\omega_m$ 的条件下，相比于没有原子的情况，吸收谱中的最低点更接近零值。这样的结果有利于对平方耦合的腔光机械系统中电磁诱导透明的精确测量。

4.4 原子和腔光机械系统中的电磁诱导透明的比较

当频率分别为 ω_c，ω_p 的耦合场和探测场同时与腔场相互作用时，根据三能级 Λ 型原子结构模拟画出腔光机械系统的能级图，如图 4.9 所示。

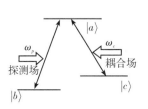
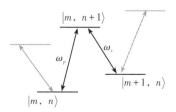

（a）原子与耦合场和探测场　　　（b）机械系统与耦合场和探测场
　　耦合能级示意图　　　　　　　　耦合能级示意图

图4.9 能级结构示意图

假定腔内光子和声子数分别用 n 和 m 表示。经典泵浦场与腔模耦合诱导产生的能级跃迁为 $|m，n\rangle \leftrightarrow |m，n+1\rangle$。在受经典场驱动腔中，辐射压力作用在可移动镜子上导致光散射产生了两个边带；调节振子位移使得产生失谐边带共振，即 $\omega_c + \omega_m = \omega_0$（其中 ω_m，ω_0 分别为机械振子和腔模频

率），在 这 个 条 件 下 ， 腔 模 与 机 械 振 子 之 间 发 生 态 转 移 $|m+1,n\rangle \leftrightarrow |m,n+1\rangle$。这与三能级原子与光场之间的相互作用类似，即相消干涉产生类似电磁诱导透明。

图4.10（a）和（b）分别是腔光机械系统和腔光机械平方耦合系统中产生电磁诱导透明的光子过程示意图。

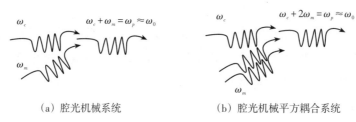

（a）腔光机械系统　　　　　　（b）腔光机械平方耦合系统

图4.10　电磁诱导透明的光子过程示意图

接下来，比较在原子和腔光机械系统中产生电磁诱导透明现象所要求满足条件的区别和相似之处[63]。

（1）原子中的电磁诱导透明

① 光场相干性的耗散率（由密度矩阵元素 ρ_{ab} 描述）大于原子相干性的耗散率 ρ_{cb}。

② 电磁诱导透明发生的条件为 $\omega_p = \omega_c + \omega_{cb}$。

③ 原子相干性的耗散率不等于零，即 $\rho_{cb} \neq 0$。

（2）腔光机械系统中的电磁诱导透明

① 机械振子的耗散率的倒数（γ^{-1}）与原子相干性类似。

② 腔场的耗散率的倒数（κ^{-1}）与光场相干性的寿命类似。

③ 电磁诱导透明产生的条件为 $\omega_p = \omega_c + \omega_m$。

④ 对应原子中的条件①，这里类似的要求是 $\gamma_m << \kappa$。

⑤ 对应原子中的条件③，这里类似的要求是机械振子的稳态位移平均值不为零。

4.5 本章小结

在这一章中，研究了两种耦合方式的腔光机械系统中的电磁诱导透明。当探测场和耦合场同时与腔模相互作用时，腔场输出场表现为透明。研究与分析了二能级原子在这两种系统中对电磁诱导透明产生的影响。结论为：原子扩宽了线性耦合的腔光机械系统中的透明窗口，并且增强了辐射压力；然而，在腔光机械平方耦合系统中，二能级原子系综降低了吸收谱中的最小值，这将使得系统更接近理想透明，并且增强了薄膜的涨落位移和能量。最后，分析比较了在原子媒介和在腔光机械系统中产生电磁诱导透明的区别和相似之处。

5 | 机械振子的压缩

本章主要分为 4 节：5.1 节介绍了整个章节的研究背景。文献［113］理论上提出在法布里–帕罗腔中可以制备可移动镜子的压缩态。然而，热环境噪声对这个压缩态的产生具有很强的限制。为了解决这个问题，在 5.2 节中，提出一个方案：通过引入原子到腔场有效地增强机械振子的压缩，并且降低了对环境温度的要求。5.3 节讨论了具有 N 个机械振子的多模光机系统中两模机械压缩的产生。其中，腔场由时变振幅的外场驱动。分析结果表明：只要选择适当的驱动场，就可以产生任意两个振子的两模压缩态。通过提高驱动场的振幅和增强机械振子与腔场的耦合，可以获得更大的压缩效应。另外，发现机械压缩态也受机械振荡器数量的影响：机械振荡器越多，压缩强度越大。5.4 节为本章小结。

5.1 研究背景

辐射压力的作用使得纳米机械共振子与腔模耦合，这带来许多有趣的物理现象，例如机械振子的基态冷却[37, 79, 114-117]、压缩光的产生[113, 118]、类电磁诱导透明[62, 97, 119]、纠缠的产生[48, 72, 120-123] 等。虽然这些量子效应在理论上已经得到证明，然而由于宏观或介观镜子的引入，对于这些性质的实验证明却远远落后于理论工作。最近，随着量子信息的发展，越来越多的研究者从事于这个领域，有关光机械系统的物理实验也得到快速发展[21, 97, 116]。

此外，海森堡不确定性会影响探测机械振子位移的精确性。然而，对于一对正交量动量和位移，人们可以提高一个正交量的涨落，以此为代价从而降低另一个量的量子涨落，使得它小于标准量子极限。Lahaye等人指出，在μK数量级的温度下，纳米机械振子的位移测量精度是标准极限的4.3倍[124]。而制备机械的压缩态有利于对其位移的测量。因此，研究压缩态的制备方案具有重要意义。

5.2 机械振子压缩特性的研究

人们提出很多制备可移动镜子量子压缩态的方法。Jähne等人[61]指出，通过提供一束压缩激光到光机械系统，使其转移到机械振子，从而实现振子的压缩态。在文献［125］中，作者提出通过利用振幅可调节的光驱动腔模，制备机械振子的压缩态。同时，Nunnenkamp等人描述了如何利用两束激光使机械振子达到压缩态[126]。另外，在法布里–帕罗腔场中，通过调节驱动场振幅与机械振子振动频率的变化量相匹配，机械振子存在随时演化的压缩态。然而，环境的热噪声严重地限制了这个压缩态的产生。也就是说，当环境的热噪声高于某一个阈值时，机械振子的压缩态将不再存在。这一小节中，考虑耦合二能级原子系综的光机械系统，研究了原子的存在对环境温度的要求条件。

5.2.1 系统描述及理论计算

本节考虑耦合原子介质的法布里–帕罗腔光机械系统，如图5.1所示，

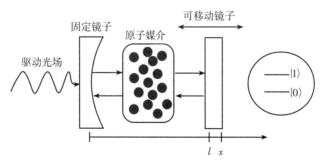

图5.1 系统示意图

注：由一个可移动镜子、一个固定镜子组合而成的光腔耦合一束二能级原子；同时，随时变化的激光驱动腔场。右边圈内是原子的能级图。

右侧圈内是原子的能级图，其中，$|0\rangle$ 为原子的基态，$|1\rangle$ 为原子的激发态。假定先将原子置于一个透明的气囊中，然后将原子放入光腔。固定的镜子具有半透射半反射性，可移动镜子具有全反射性。一束经典激光从固定镜子射入腔内。腔模的频率是 $\omega_c = n\pi c/L$，腔长度是 L。由于辐射压力的作用，镜子沿着腔长左右振动，用 x 表示振子偏离平衡位置的距离。随着振子的振动，光腔的长度发生变化，变为 $L+x$，同时，腔场的频率变为 $\omega_c' = n\pi c/(L+x)$。另外，可移动镜子的振动位移 x 远远小于光腔的长度 L。因此，可以将 ω_c' 写为 $\omega_c' = \omega_c\left(1 + \dfrac{x}{L}\right)^{-1} \approx \omega_c - \dfrac{\omega_c}{L}x$。

系统的哈密顿量写为 $H = H_0 + H_1$。在绝热区域，系统的自由能量 H_0 由下式给出

$$H_0 = \left(\frac{p^2}{2m} + \frac{1}{2}m\omega_m^2 x^2\right) + \sum_{i=1}^{N}\left(\hbar\omega_1|1\rangle_i\langle 1| + \hbar\omega_0|0\rangle_i\langle 0|\right) +$$
$$\hbar\omega_c\left(1 - \frac{1}{L}x\right)a^+a \tag{5.1}$$

这里第一项是腔场的能量，$a(a^+)$ 是腔模的湮灭（产生）算符。第二项是机械振子的自由能量，其中，ω_m 为频率，m 为质量，p 为动量。第三项指的是 N 个完全相同的二能级原子的能量，原子能级 $|0\rangle$ 和 $|1\rangle$ 的频率分别为 ω_0 和 ω_1。定义可移动镜子的位移和动量分别写为 $x = \sqrt{\hbar/(2m\omega_m)}(b+b^+)$ 和 $p = \mathrm{i}m\omega_m\sqrt{\hbar/(2m\omega_m)}(b^+ - b)$。式（5.1）可以写为

$$H_0 = \hbar\omega_a a^+a + \hbar\omega_m b^+b + \sum_{i=1}^{N}\left(\hbar\omega_1|1\rangle_i\langle 1| + \hbar\omega_0|0\rangle_i\langle 0|\right) -$$
$$\hbar g a^+a\left(b^+ + b\right) \tag{5.2}$$

其中，$g = \sqrt{\hbar/(2m\omega_m)}\dfrac{\omega_c}{L}$ 是腔模与可移动镜子之间的耦合系数。相互作用项写为

$$H_1 = \sum_{i=1}^{N}\left(\hbar g_i a|1\rangle_i\langle 0| + \hbar g_i^* a^+|0\rangle_i\langle 1|\right) + \left(\hbar\Omega(t)\mathrm{e}^{-\mathrm{i}\omega_d t}a^+ + \hbar\Omega^*(t)\mathrm{e}^{\mathrm{i}\omega_d t}a\right) \tag{5.3}$$

第一项是指腔内和腔外两个光场的交换，其中 ω_d 和 $\Omega(t)$ 是外部驱动经

典场的频率和振幅。第二项是指腔模与原子的相互作用。每个原子与腔模之间的耦合强度可以写为 $g_i = -\mu\sqrt{\omega_c/(2V\varepsilon_0)}$，其中 μ 是能级 $|0\rangle$ 和 $|1\rangle$ 之间的电极矩，V 是腔模的体积，ε_0 是自由空间的介电常数。如果所有的原子的初态为基态，且原子数目特别大，这些原子可以被看作一个集体。在此条件下，定义原子的玻色湮灭算符为 $c = \lim\limits_{N\to\infty}\sum\limits_{i=1}^{N}\dfrac{g_i^*}{G_a}|0\rangle_i\langle 1|$，其中 $G_a = \sqrt{\sum\limits_{i=1}^{N}|g_i|^2}$ 是整体原子与腔模的耦合强度，它随着原子数 N 增加。可以将原子束的集体行为看为玻色子，它满足玻色对易关系 $[c, c^+] = 1$。根据式（5.2）和式（5.3），可以将海森堡–朗之万方程写为

$$\left.\begin{array}{l}
\dfrac{\mathrm{d}a}{\mathrm{d}t} = -\mathrm{i}\Delta_c a + \mathrm{i}ga(b^+ + b) - \mathrm{i}\Omega(t) - \dfrac{\gamma_a}{2}a - \mathrm{i}G_a c + a_{\mathrm{in}} \\[3mm]
\dfrac{\mathrm{d}b}{\mathrm{d}t} = -\mathrm{i}\omega_m b + \mathrm{i}ga^+ a - \dfrac{\gamma_m}{2}b + b_{\mathrm{in}} \\[3mm]
\dfrac{\mathrm{d}c}{\mathrm{d}t} = -\left(\mathrm{i}\Delta_a + \dfrac{\gamma_c}{2}\right)c - \mathrm{i}G_a a + c_{\mathrm{in}}
\end{array}\right\} \qquad (5.4)$$

其中，$\Delta_c = \omega_c - \omega_d$ 和 $\Delta_a = \omega_1 - \omega_0 - \omega_d = \omega_{10} - \omega_d$。引入腔模（可移动镜子，原子）的泄漏率 $\gamma_a(\gamma_m, \gamma_c)$。腔模的耗散来源于光子的泄漏。可移动镜子的耗散的主要原因是它与非零温热环境的耦合。另外，原子的耗散率 γ_c 由激发态到基态跃迁所引起。同时，在式（5.4）中引入了量子噪声 a_{in}，b_{in} 和 c_{in}，它们满足关联函数 $\langle a_{\mathrm{in}}(t)a_{\mathrm{in}}^+(t')\rangle = \gamma_a\delta(t-t')$，$\langle c_{\mathrm{in}}(t)c_{\mathrm{in}}^+(t')\rangle = \gamma_c\delta(t-t')$，$\langle a_{\mathrm{in}}^+(t)a_{\mathrm{in}}(t')\rangle = \langle c_{\mathrm{in}}^+(t)c_{\mathrm{in}}(t')\rangle = 0$。由于 $\hbar\omega/(k_B T) \gg 1$（$\omega$ 是原子或腔模的频率），所以在关联函数中忽略了腔模（原子）的平均光子数。可移动的镜子与温度为 T 的热环境耦合，并且它的频率非常小（$\omega_m \sim 10^6$ Hz）。噪声算符 b_{in} 满足以下关联：$\langle b_{\mathrm{in}}(t)b_{\mathrm{in}}^+(t')\rangle = \gamma_m(\bar{n}_m + 1)\delta(t-t')$ 和 $\langle b_{\mathrm{in}}^+(t)b_{\mathrm{in}}(t')\rangle = \gamma_m\bar{n}_m\delta(t-t')$。$\bar{n}_m = \left\{\exp\left[\hbar\omega_m/(k_B T)\right] - 1\right\}^{-1}$ 是在温度为 T 的环境下的热激发粒子数，k_B 是玻尔兹曼常量。

对于这个非线性系统的量子动力学，围绕半经典平均值对式（5.4）进行线性化处理。也就是说，腔模、振子和原子的算符写为 $a = \langle a\rangle + \delta a$，

$b = \langle b \rangle + \delta b$ 和 $c = \langle c \rangle + \delta c$。涨落算符的演化方程可写为

$$\frac{\mathrm{d}}{\mathrm{d}t}\delta a = -\mathrm{i}\Delta(t)\delta a + \mathrm{i}g\langle a(t)\rangle(\delta b^+ + \delta b) - \frac{\gamma_a}{2}\delta a - \mathrm{i}G_a\delta c + a_{\mathrm{in}} \tag{5.5a}$$

$$\frac{\mathrm{d}}{\mathrm{d}t}\delta b = -\mathrm{i}\omega_m\delta b + \mathrm{i}g\big[\langle a^+(t)\rangle\delta a + \delta a^+\langle a(t)\rangle\big] - \frac{\gamma_m}{2}\delta b + b_{\mathrm{in}} \tag{5.5b}$$

$$\frac{\mathrm{d}}{\mathrm{d}t}\delta c = -\left(\mathrm{i}\Delta_a + \frac{\gamma_c}{2}\right)\delta c - \mathrm{i}G_a\delta a + c_{\mathrm{in}} \tag{5.5c}$$

这里，$\Delta(t) = \Delta_c - g\big[\langle b(t)\rangle + \langle b^+(t)\rangle\big]$。对于式（5.5a）和式（5.5b），运用因式分解，假定 $hh' \approx \langle h\rangle\langle h'\rangle + \langle h\rangle\delta h' + \langle h'\rangle\delta h$（$h$，$h =a$ 或者 b）[48, 79]。现在，定义算符 $\delta X_{h=a,\,b,\,c} = (\delta h^+ + \delta h)/\sqrt{2}$ 和 $\delta Y_{h=a,\,b,\,c} = \mathrm{i}(\delta h^+ - \delta h)/\sqrt{2}$，一组线性的量子朗之万方程可写为

$$\frac{\mathrm{d}}{\mathrm{d}t}\boldsymbol{f}(t) = \boldsymbol{M}(t)\boldsymbol{f}(t) + \boldsymbol{N}(t) \tag{5.6}$$

其中，$\boldsymbol{f} = \big(\delta X_a,\ \delta Y_a,\ \delta X_b,\ \delta Y_b,\ \delta X_c,\ \delta Y_c\big)^{\mathrm{T}}$，

$$\boldsymbol{M}(t) = \begin{bmatrix} -\dfrac{\gamma_c}{2} & \Delta(t) & -\sqrt{2}\,g\langle Y_a(t)\rangle & 0 & 0 & G_a \\[2mm] -\Delta(t) & -\dfrac{\gamma_c}{2} & \sqrt{2}\,g\langle X_a(t)\rangle & 0 & -G_a & 0 \\[2mm] 0 & 0 & -\dfrac{\gamma_m}{2} & \omega_m & 0 & 0 \\[2mm] \sqrt{2}\,g\langle X_a(t)\rangle & \sqrt{2}\,g\langle Y_a(t)\rangle & -\omega_m & -\dfrac{\gamma_m}{2} & 0 & 0 \\[2mm] 0 & G_a & 0 & 0 & -\dfrac{\gamma_a}{2} & \Delta_a \\[2mm] -G_a & 0 & 0 & 0 & -\Delta_a & -\dfrac{\gamma_a}{2} \end{bmatrix} \tag{5.7}$$

其中，$\langle X_a(t)\rangle = \big[\langle\delta a^+(t)\rangle + \langle\delta a(t)\rangle\big]/\sqrt{2}$，$\langle Y_a(t)\rangle = \mathrm{i}\big[\langle\delta a^+(t)\rangle - \langle\delta a(t)\rangle\big]/\sqrt{2}$。噪声矢量 $\boldsymbol{N}(t) = \big(X_a^{\mathrm{in}},\ Y_a^{\mathrm{in}},\ X_b^{\mathrm{in}},\ Y_b^{\mathrm{in}},\ X_c^{\mathrm{in}},\ Y_c^{\mathrm{in}}\big)^{\mathrm{T}}$，其中，$X_{h=a,\,b,\,c}^{\mathrm{in}} = \big(h_{\mathrm{in}}^+ + h_{\mathrm{in}}\big)/\sqrt{2}$ 和 $Y_{h=a,\,b,\,c}^{\mathrm{in}} = \mathrm{i}\big(h_{\mathrm{in}}^+ - h_{\mathrm{in}}\big)/\sqrt{2}$。$\boldsymbol{f}(t)$ 的形式解由下式给出

$$\boldsymbol{f}(t) = \boldsymbol{G}(t)\boldsymbol{f}(0) + \boldsymbol{G}(t)\int_0^t \boldsymbol{G}^{-1}(\tau)\boldsymbol{N}(\tau)\mathrm{d}\tau \tag{5.8}$$

通过解方程 $\boldsymbol{G}(t) = \boldsymbol{M}(t)\boldsymbol{G}(t)$ 可以得到 $\boldsymbol{G}(t)$，$\boldsymbol{G}(0)$ 是单位矩阵 $\boldsymbol{I}$。定义关联矩阵 $\boldsymbol{S}(t) = \langle\boldsymbol{f}_\alpha(t)\boldsymbol{f}_\beta(t)\rangle$，其中，$\boldsymbol{f}_{\alpha(t),\,\beta(t)} = \big(\delta X_a,\ \delta Y_a,\ \delta X_b,\ \delta Y_b,\ \delta X_c,\ \delta Y_c\big)$。

根据式（5.8），这个矩阵可写为

$$S(t) = G(t)S(0)G^{\mathrm{T}}(t) + G(t)Z(0)G^{\mathrm{T}}(t) \tag{5.9}$$

其中，$S(0)$ 是系统的初态。为了便于计算，假设系统初态是真空态 $|0\rangle_c |0\rangle_m |0\rangle_a$。

$$z(t) = \int_0^t \int_0^t G^{-1}(\tau)C(\tau,\ \tau')\left[G^{-1}(\tau')\right]^{\mathrm{T}} \mathrm{d}\tau \mathrm{d}\tau' \tag{5.10}$$

其中，$C_{nn}(\tau,\ \tau') = \langle N_n(\tau)N_{n'}(\tau')\rangle$（$n,\ n'=1,\ 2,\ 3,\ 4,\ 5,\ 6$）。在马尔可夫近似下，$C(\tau,\ \tau') = C\delta(\tau - \tau')$，系数 C 为

$$C = \frac{1}{2}\begin{bmatrix} \gamma_a & \mathrm{i}\gamma_a & 0 & 0 & 0 & 0 \\ -\mathrm{i}\gamma_a & \gamma_a & 0 & 0 & 0 & 0 \\ 0 & 0 & \gamma_m(2\bar{n}_m+1) & \mathrm{i}\gamma_m & 0 & 0 \\ 0 & 0 & -\mathrm{i}\gamma_m & \gamma_m(2\bar{n}_m+1) & 0 & 0 \\ 0 & 0 & 0 & 0 & \gamma_c & \mathrm{i}\gamma_c \\ 0 & 0 & 0 & 0 & -\mathrm{i}\gamma_c & \gamma_c \end{bmatrix} \tag{5.11}$$

5.2.2 机械振子压缩效应的产生

通过研究量子涨落算符的关联矩阵，可以发现腔模、镜子和原子耦合的性质特征。在大失谐条件下（$\Delta_c \gg \omega_m$），考虑近似 $\Delta(t) \approx \Delta_c$ 和 $\Delta_c \gg g\langle X_b\rangle$。

根据式（5.4）可得到

$$\langle a(t)\rangle \approx \frac{-\mathrm{i}\Omega(t)}{\gamma_a/2 + \mathrm{i}\Delta_c + G_a^2/(\gamma_c/2 + \mathrm{i}\Delta_a)} \tag{5.12}$$

可以看到 $\langle a(t)\rangle$ 取决于驱动场的随时变化振幅 $\Omega(t)$。在接下来的分析中，会给出 $\Omega(t)$ 的具体表达式，并发现它对于腔场的平均值是一个非常重要的因素。

根据式（5.5c），通过绝热近似处理得到

$$\delta c = \frac{-\mathrm{i}G_a}{\mathrm{i}\Delta_a + \gamma_c/2}\delta a + F_{c,\,\mathrm{in}} \tag{5.13}$$

其中，$F_{c,\,\mathrm{in}} = \int_0^t c_{\mathrm{in}}(t')\mathrm{e}^{(\mathrm{i}\Delta_a + \gamma_c/2)(t'-t)}\mathrm{d}t'$。将式（5.13）代入式（5.5a），腔模涨落算符的行为方程表示为

$$\frac{\mathrm{d}}{\mathrm{d}t}\delta a = -\mathrm{i}\left[\Delta(t) - \frac{G_a^2\Delta_a}{\gamma_c^2/4+\Delta_a^2}\right]\delta a + \mathrm{i}g\langle a(t)\rangle\big(\delta b^+ + \delta b\big) -$$

$$\frac{1}{2}\left[\gamma_a + \frac{G_a^2\gamma_c}{\gamma_c^2/4+\Delta_a^2}\right]\delta a + \big(a_{in} - \mathrm{i}G_a F_{c,\,in}\big) \tag{5.14}$$

其中，腔模的有效失谐为 $\Delta(t) - \dfrac{G_a^2\Delta_a}{\gamma_c^2/4+\Delta_a^2}$ ，这是由于引入的原子使得光子作用在机械振子上的辐射压力增强。另外，与没有原子的情况相比，腔模的有效耗散率为 $\dfrac{1}{2}\left[\gamma_a + \dfrac{G_a^2\gamma_c}{\gamma_c^2/4+\Delta_a^2}\right]$，增加了量 $\dfrac{G_a^2\gamma_c}{2\big(\gamma_c^2/4+\Delta_a^2\big)}$。根据式（5.14），

腔模算符的绝热解可写为

$$\delta a \approx \frac{\mathrm{i}g\langle a(t)\rangle}{\mathrm{i}\left(\Delta_c - \dfrac{G_a^2\Delta_a}{\gamma_c^2/4+\Delta_a^2}\right) + \dfrac{1}{2}\left[\gamma_a + \dfrac{G_a^2\gamma_c}{\gamma_c^2/4+\Delta_a^2}\right]}\big(\delta b^+ + \delta b\big) + F_{a,\,in} \tag{5.15}$$

其中，$F_{a,\,in} = \int_0^t\big(a_{in}(\tau) - \mathrm{i}G_a F_{c,\,in}\big)\exp\left[\mathrm{i}\left(\Delta_c - \dfrac{G_a^2\Delta_a}{\gamma_c^2/4+\Delta_a^2}\right) + \dfrac{1}{2}\left[\gamma_a + \dfrac{G_a^2\gamma_c}{\gamma_c^2/4+\Delta_a^2}\right]\right](\tau-t)\mathrm{d}\tau$。

将式（5.13）和式（5.15）代入式（5.5b），振子涨落算符的行为方程写为

$$\frac{\mathrm{d}}{\mathrm{d}t}\delta b = -\mathrm{i}\omega_m\delta b + \mathrm{i}\mu\big|\langle a(t)\rangle\big|^2\big(\delta b^+ + \delta b\big) - \frac{\gamma_m}{2}\delta b + F_{b,\,in} \tag{5.16}$$

其中，最后一项包括镜子、腔模和原子的输入噪声 $F_{b,\,in} = b_{in} + \mathrm{i}g\langle a^+(t)\rangle F_{a,\,in} +$

$\mathrm{i}g\langle a(t)\rangle F_{a,\,in}^+$ 和 $\mu = \dfrac{2g^2\left[\Delta_c - \dfrac{G_a^2\Delta_a}{\gamma_c^2/4+\Delta_a^2}\right]}{\left[\Delta_c - \dfrac{G_a^2\Delta_a}{\gamma_c^2/4+\Delta_a^2}\right]^2 + \left[\dfrac{\gamma_a}{2} + \dfrac{G_a^2\gamma_c}{\gamma_c^2/2+2\Delta_a^2}\right]^2}$。从式（5.16）可以看

到，振子的频率发生了平移变化。假定额外的驱动激光的振幅的形式为 $\Omega(t) = \Omega_0\sin\big[(\omega_m - \xi_0)t\big]$（$\xi_0$ 表示变化的频率），Ω_0 是一个系数。将式（5.12）重新

写为 $\big|\langle a(t)\rangle\big|^2 = a_0\sin^2\big[(\omega_m - \xi_0)t\big]$，其中 $a_0 = \dfrac{\Omega_0^2}{\left[\Delta_c - \dfrac{G_a^2\Delta_a}{\gamma_c^2/4+\Delta_a^2}\right]^2 + \dfrac{1}{4}\left[\gamma_a + \dfrac{G_a^2\gamma_c}{\gamma_c^2/4+\Delta_a^2}\right]^2}$。

把它代入式（5.16），得到依赖时间的方程。将 δb 做旋转波变化，即 $\delta b' =$

$\delta b e^{i(\omega_m - \xi_0)t}$，同时令 $\xi_0 = \mu a_0$，根据 $\delta b'$ 的随时演化行为可以得到

$$\frac{\mathrm{d}}{\mathrm{d}t}\delta b' = -\mathrm{i}\frac{\xi_0}{2}\delta b' + -\frac{\gamma_m}{2}\delta b + F_{b,\,\mathrm{in}}e^{i(\omega_m - \xi_0)t} \tag{5.17}$$

其中，忽略了含有快变相位因子的一些项，例如 $e^{\pm 2\mathrm{i}(\omega_m - \xi_0)t}$ 和 $e^{\pm 4\mathrm{i}(\omega_m - \xi_0)t}$。根据式 (5.17)，有效哈密顿量写为 $H = \frac{\xi_0}{2}\left[(b^+)^2 + b^2\right]$，这种形式的哈密顿量被预测可能

具有压缩的性质，其中压缩参数 $\xi_0 = \dfrac{g^2 \Omega_0^2\left[\Delta_c - \dfrac{G_a^2 \Delta_a}{\gamma_c^2/4 + \Delta_a^2}\right]}{\left\{\left[\Delta_c - \dfrac{G_a^2 \Delta_a}{\gamma_c^2/4 + \Delta_a^2}\right]^2 + \left[\dfrac{\gamma_a}{2} + \dfrac{G_a^2 \gamma_c}{\gamma_c^2/2 + 2\Delta_a^2}\right]^2\right\}^2}$。

在大失谐条件下（$\Delta_c \gg \omega_m$），绝热地剔除了腔场和原子算符，因此，ξ_0 决定了可移动镜子的行为。如果 Δ_c、G_a、Ω_0 等参数具有确定值，根据以上表达式，通过计算可得知 ξ_0 及驱动场的频率 $\omega_m - \xi_0$。图 5.2 描述了 ξ_0 与有关原子数参数 G_a 的关系。如图所示，ξ_0 随着 G_a 的增加而增加。当系统中存在原子时，腔模与可移动镜子之间的非线性耦合使振子的频率发生了变化。并且，有关原子的参数 G_a、Δ_a 和 γ_c 增大了振子频率的变化幅度。因此，原子不仅影响机械振子频率的变化，还影响机械振子的压缩。

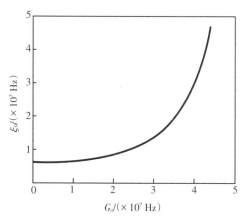

图 5.2 ξ_0 随 G_a 的变化

注：所取参数为 $\omega_m = 2\pi \times 1\,\mathrm{MHz}$，$\Delta_c = 2\pi \times 10\,\mathrm{MHz}$，$\gamma_m = 2\pi \times 100\,\mathrm{Hz}$，$\gamma_a = 2\pi \times 100\,\mathrm{kHz}$，$\Omega_0 \approx 31.6\,\mathrm{GHz}$，$g = 2\pi \times 100\,\mathrm{Hz}$，$\gamma_c = 2\pi \times 5 \times 10^6\,\mathrm{Hz}$ 和 $\Delta_a = \Delta_c$。

对于可移动镜子，两个正交算符为 $\langle\delta X_b^2(t)\rangle$ 和 $\langle\delta Y_b^2(t)\rangle$。如果将镜子正交算符做如下变化，$X_b(\theta,t)=\cos\theta X_b(t)+\sin\theta Y_b(t)$，相对应的可观测量变为 $\langle\delta X_b^2(\theta,t)\rangle=\cos^2\theta\langle\delta X_b^2(t)\rangle+\sin^2\theta\langle\delta Y_b^2(t)\rangle+\frac{1}{2}\sin 2\theta\big[\langle\delta X_b(t)\rangle\langle\delta Y_b(t)\rangle+\langle\delta Y_b(t)\rangle\langle\delta X_b(t)\rangle\big]$。因此，可移动镜子处于压缩态的必要条件为 $\langle\delta X_b^2(t)\rangle<1/2$。

接下来，讨论机械振子的运动行为。本章中，对于光机械系统，选取的参数如下：可移动镜子的振动频率 $\omega_m=2\pi\times 1\,\mathrm{MHz}$，腔模与驱动场之间的失谐 $\Delta_c=2\pi\times 10\,\mathrm{MHz}$，可移动镜子的泄漏率 $\gamma_m=2\pi\times 100\,\mathrm{Hz}$，腔场的衰减 $\gamma_a=2\pi\times 100\,\mathrm{kHz}$，系数 $\Omega_0\approx 31.6\,\mathrm{GHz}$，腔模与可移动镜子之间的耦合 $g=2\pi\times 100\,\mathrm{Hz}$。原子的耗散率为 $\gamma_c=2\pi\times 5\times 10^6\,\mathrm{Hz}$。另外，失谐量满足 $\Delta_a=\Delta_c$。

图5.3描述了对于不同的 G_a，$\langle\delta X_b^2(\pi/4,t)\rangle$ 随着 $\omega_m t$ 的变化。正如前面第3和第4章所介绍的：增加原子的数目 N 使得增大 G_a。当 $G_a=2\pi\times 3\times 10^6\,\mathrm{Hz}$ 和 $k_B T_m/(\hbar\omega_m)=67$ 时，可移动镜子表现为非压缩态。当增加原子数，使得 G_a 等于 $2\pi\times 5\times 10^6\,\mathrm{Hz}$ 时，环境温度不变，可移动镜子表现为压缩态。当 $G_a=2\pi\times 3\times 10^6\,\mathrm{Hz}$ 时，制备机械振子压缩态所对应的阈值为 $k_B T_m/(\hbar\omega_m)\approx 67$。在没有原子的条件下[113]，当 $k_B T_m/(\hbar\omega_m)\geqslant 50$ 时，可移动镜子不再具有

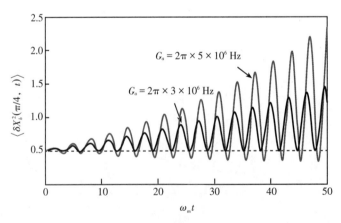

图5.3　正交压缩量随时演化

注：对于不同的 G_a，$\langle\delta X_b^2(\pi/4,t)\rangle$ 随时演化关系。$k_B T/(\hbar\omega_m)=67$，其他参数同图5.2。

压缩性。因此，原子的存在降低了对环境温度的要求。另外，由于 ξ_0 扮演了驱动场相位的角色，与没有原子的情况相比，压缩曲线的极值点所对应的横坐标产生了偏移，如图5.2所示。

为了分析温度阈值，根据式（5.17）给出

$$\left\langle \delta X_b^2(\pi/4,\ \iota) \right\rangle \approx \frac{1}{2}\mathrm{e}^{-(\gamma_m+\xi_0)\iota} + \frac{\gamma_m(n_m+1/2)}{\gamma_m+\xi_0}\left(1-\mathrm{e}^{-(\gamma_m+\xi_0)\iota}\right) \tag{5.18}$$

式中，由于大失谐的条件，忽略了腔模与原子噪声。根据式（5.18），实现 $\left\langle \delta X_b^2(\pi/4,\ \iota) \right\rangle < \frac{1}{2}$ 的条件是热激发数 $\bar{n}_m^c$ 必须小于 $\xi_0/(2\gamma_m)$。因此，近似环境温度的阈值写为 $T_c = \dfrac{\hbar\omega_m}{k_B\ln\left(2\gamma_m/\xi_0+1\right)}$。图5.4给出 T_c 随着 G_a 的变化，反映了原子的存在提高了制备可移动镜子的压缩态的温度阈值。从图5.4可看出，随着原子数的增加，T_c 单调增长。也就是说，增加原子数可以降低对环境热噪声温度的要求。

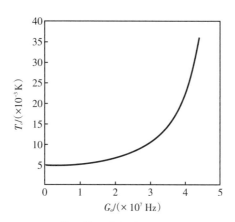

图5.4 热浴的温度阈值 T_c 随 G_a 的变化

注：所取参数同图5.2。

另外，如图5.3所示，当 $k_B T_m/(\hbar\omega_m) \approx 67$ （温度阈值 $T_c \approx 6.5\,\mathrm{mK}$ ）时，可移动镜子表现为非压缩态。当增加原子数且 $G_a = 2\pi \times 3 \times 10^6\,\mathrm{Hz}$ 时，相对应的温度阈值为 $6.4\,\mathrm{mK}$。因此，图5.4可以正确地反映温度阈值与原子数的关系。

5.2.3　实验可行性分析

接下来，将讨论对可移动镜子压缩态的实验探测。通过傅里叶转换腔模涨落算符行为方程（5.14），可以得到

$$\left\{-\mathrm{i}\left[\left(\omega+(\omega_m-\xi_0)\right)+\left(\Delta_c-\frac{G_a^2\Delta_a}{\gamma_c^2/4+\Delta_a^2}\right)\right]+\frac{1}{2}\left(\gamma_a+\frac{G_a^2\Delta_a}{\gamma_c^2/4+\Delta_a^2}\right)\right\}\delta a'\left(\omega+(\omega_m-\xi_0)\right)=$$

$$\frac{g_0\Omega_0}{\mathrm{i}\left(\Delta_c-\dfrac{G_a^2\Delta_a}{\gamma_c^2/4+\Delta_a^2}\right)+\dfrac{1}{2}\left(\gamma_a+\dfrac{G_a^2\Delta_a}{\gamma_c^2/4+\Delta_a^2}\right)}\delta Y_{b'}(\omega)+noise\ terms$$

其中，$\delta a'=\delta a e^{\mathrm{i}(\omega_m-\xi_0)t}$。这个式子可简写为

$$a\delta a'\left(\omega+(\omega_m-\xi_0)\right)=\beta\delta Y_{b'}(\omega)+noise\ terms$$

把它写为谱关系

$$S_{a'}\left(\omega-(\omega_0-\xi_0)\right)=\frac{|\beta|^2}{|\alpha|^2}S_{\delta Y_{b'}}(\omega)+noise\ terms$$

发现 $S_{a'}$ 对应于可移动镜子的振动谱 $S_{\delta Y_{b'}}$。根据输入输出关系 $\delta a'_{\mathrm{out}}+\delta a'_{\mathrm{in}}=\sqrt{\gamma_a}\delta a'$，这个谱关系可写为 $S_{a',\,\mathrm{out}}\left(\omega-(\omega_m-\xi_0)\right)=\gamma_a\dfrac{|\beta|^2}{|\alpha|^2}S_{\delta Y_{b'}}(\omega)+noise\ terms$，

其中腔场输出谱与可移动镜子振动谱之间的比值为 $\gamma_a|\beta|^2\big/|\alpha|^2$。因此，通过探测腔模的输出谱，可以得到可移动镜子的压缩信息，同时并不会破坏系统演化。

5.2.4　小结

本节研究了耦合二能级原子的腔光机械系统，证实了可移动镜子正交压缩态的存在。通过研究正交量随时演化，证明了原子有效地增强了机械振子的压缩。原子数目越多，可移动镜子的压缩值越大。研究发现：增加原子数目可以降低对环境热浴温度的要求。

5.3 两模机械压缩的研究

腔光机械系统中的压缩态是许多应用的关键资源。例如，这种态对于超高精度测量、连续变量量子计算、量子信息和量子隐形传态能够产生重要作用。在腔光机械系统中，可以通过实验控制光场与机械谐振腔之间的非线性相互作用。因此，腔光机械系统是实现压缩光的一个很好的平台。人们近期对光机械系统中的压缩产生进行了大量的研究。大量工作提出了实现单机械模式压缩的可能途径。然而，通过调制驱动场振幅，进而产生两模机械压缩的理论尚未揭示。在这一节，采用一个多模光机械系统，提出一种合理方案产生机械谐振子的两模压缩。

5.3.1 模型描述

如图5.5所示，考虑一个包含 N 个机械振荡器的光学法布里−帕罗腔。这 N 个机械振荡器耦合到由含时耦合场驱动的腔场。系统的哈密顿量可分为 H_0，H_I 和 H_D 三部分。哈密顿量如下：

$$H = H_0 + H_I + H_D \tag{5.19}$$

其中

$$\left.\begin{aligned}
H_0 &= \hbar\omega_c a^+ a + \sum_{i=1}^{N} \hbar\omega_i b_i^+ b_i \\
H_I &= -\sum_{i=1}^{N} \hbar g_i a^+ a\left(b_i^+ + b\right) \\
H_D &= \hbar\Omega(t)\mathrm{e}^{-i\omega_d t} a^+ + \hbar\Omega^*(t)\mathrm{e}^{i\omega_d t} a
\end{aligned}\right\} \tag{5.20}$$

这里，H_0 是空腔模和机械模的能量项。a 和 b_i 是腔模和第 i 个机械振子的湮灭算符，对应的 ω_c 和 ω_i（$n = 1$，2，$\cdots$，N）分别为它们的共振频率。H_I 给出了腔模 a 与机械模 b_i 之间的光机相互作用。g_i 表示腔场与第 i 个机械振荡器之间的耦合率。H_D 描述了频率为 ω_d 的时变激光驱动的腔场振幅。

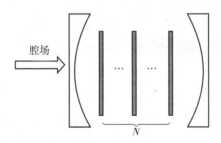

图5.5　多模光机械系统示意图

注：其由 N 个机械振荡器耦合到同一个腔场所组成。腔由一个频率为 ω_d、振幅为时变的外场驱动 $\Omega(t)$。

5.3.2　线性化系统：涨落算符的形式解

利用哈密顿量（5.19）并考虑耗散力，很容易得到海森堡算符 a，两个任意机械振子算符 b_i 和 b_j 的量子朗之万方程为

$$
\left.
\begin{aligned}
\frac{\mathrm{d}}{\mathrm{d}t}a &= -\mathrm{i}\Delta_c a + \mathrm{i}a\sum_i^N\left[g_i\left(b_i^+ + b_i\right)\right] - \mathrm{i}\Omega(t) - \frac{\gamma_a}{2}a + a_{\mathrm{in}}\\
\frac{\mathrm{d}}{\mathrm{d}t}b_i &= -\mathrm{i}\omega_i b_i + \mathrm{i}g_i a^+ a - \frac{\gamma_i}{2}b_i + b_{i,\ \mathrm{in}}\\
\frac{\mathrm{d}}{\mathrm{d}t}b_j &= -\mathrm{i}\omega_j b_j + \mathrm{i}g_j a^+ a - \frac{\gamma_j}{2}b_j + b_{j,\ \mathrm{in}}
\end{aligned}
\right\}
\tag{5.21}
$$

式中，注意到这个系统有 N 个机械振子，可以选择其中任意两个谐振子作为研究对象（b_i 和 b_j）。此外，还对腔场和机械振子做旋转波的变换，变换频率为 ω_d，且有 $\Delta_c = \omega_c - \omega_d$。$\gamma_a$，$\gamma_i$ 和 γ_j 是腔场、第 i 和第 j 个机械振子的衰减率。a_{in}，$b_{i,\ \mathrm{in}}$ 和 $b_{j,\ \mathrm{in}}$ 则分别对应腔场和机械振子的量子噪声。假设这些朗之万噪声算子具有零均值且满足相关函数

$$
\left.
\begin{aligned}
\left\langle a_{\mathrm{in}}(t)a_{\mathrm{in}}^+(t')\right\rangle &= \gamma_a\delta(t-t')\\
\left\langle a_{\mathrm{in}}^+(t)a_{\mathrm{in}}(t')\right\rangle &= 0\\
\left\langle b_{i,\ \mathrm{in}}(t)b_{i,\ \mathrm{in}}^+(t')\right\rangle &= \gamma_i(\bar{n}_{m,\ i}+1)\delta(t-t')\\
\left\langle b_{i,\ \mathrm{in}}^+(t)b_{i,\ \mathrm{in}}(t')\right\rangle &= \gamma_i\bar{n}_{m,\ i}\delta(t-t')
\end{aligned}
\right\}
\tag{5.22}
$$

式中，$\bar{n}_{m,\ i}$ 是环境温度 T_m 下的热激发数。

当驱动场很强时，算子 a，b_i 和 b_j 可以分解为 $a = \langle a \rangle + \delta a$，$b_i = \langle b_i \rangle + \delta b_i$ 和 $b_j = \langle b_j \rangle + \delta b_j$。然后，一组涨落算符和平均值算符的量子朗之万方程可以写成

$$
\left.
\begin{aligned}
\frac{\mathrm{d}}{\mathrm{d}t}\delta a &= -\mathrm{i}\Delta(t)\delta a + \mathrm{i}\langle a(t)\rangle \sum_{i=1}^{N} g_i\big(\delta b_i^+ + \delta b_i\big) - \frac{\gamma_a}{2}\delta a + a_{\mathrm{in}} \\
\frac{\mathrm{d}}{\mathrm{d}t}\delta b_i &= -\mathrm{i}\omega_i \delta b_i + \mathrm{i}g_i\big[\langle a^+(t)\rangle \delta a + \delta a^+ \langle a(t)\rangle\big] - \frac{\gamma_i}{2}\delta b_i + b_{i,\ \mathrm{in}} \\
\frac{\mathrm{d}}{\mathrm{d}t}\delta b_j &= -\mathrm{i}\omega_j \delta b_j + \mathrm{i}g_j\big[\langle a^+(t)\rangle \delta a + \delta a^+ \langle a(t)\rangle\big] - \frac{\gamma_j}{2}\delta b_j + b_{j,\ \mathrm{in}}
\end{aligned}
\right\} \tag{5.23}
$$

和

$$
\left.
\begin{aligned}
\frac{\mathrm{d}}{\mathrm{d}t}\langle a \rangle &= -\left[\mathrm{i}\Delta(t) + \frac{\gamma_a}{2}\right]\langle a \rangle - \mathrm{i}\Omega(t) \\
\frac{\mathrm{d}}{\mathrm{d}t}\langle b_i \rangle &= -\left[\mathrm{i}\omega_m + \frac{\gamma_i}{2}\right]\langle b_i \rangle + \mathrm{i}g_i\big|\langle a \rangle\big|^2 \\
\frac{\mathrm{d}}{\mathrm{d}t}\langle b_j \rangle &= -\left[\mathrm{i}\omega_m + \frac{\gamma_j}{2}\right]\langle b_j \rangle + \mathrm{i}g_j\big|\langle a \rangle\big|^2
\end{aligned}
\right\} \tag{5.24}
$$

这里，$\Delta(t) = \Delta_c - \sum_{i}^{N} g_i\big[\langle b_i(t)\rangle + \langle b_i^+(t)\rangle\big]$ 是腔场与驱动场的有效失谐量，其中由机械运动引起机械振荡器的频移。值得指出的是，忽略非线性小量，如 $\delta h \delta h'\big(h,\ h' = a,\ b_i,\ b_j\big)$。并且，量子噪声 a_{in}，$b_{i,\ \mathrm{in}}$ 和 $b_{j,\ \mathrm{in}}$ 同样也做线性化处理。

为了处理方程（5.23）和方程（5.24），定义正交涨落算符 $\delta X_h = \big(\delta h^+ + \delta h\big)\big/ \sqrt{2}$ 和 $\delta Y_h = \mathrm{i}\big(\delta h^+ - \delta h\big)\big/\sqrt{2}$ 以及值的正交算符 $\langle X_h(t)\rangle = \big[\langle \delta h^+(t)\rangle + \langle \delta h(t)\rangle\big]\big/\sqrt{2}$ 和 $\langle Y_h(t)\rangle = \mathrm{i}\big[\langle \delta h^+(t)\rangle - \langle \delta h(t)\rangle\big]\big/\sqrt{2}$ $\big(h = a,\ b_i,\ b_j\big)$。依据方程（5.23），一组线性化的朗之万方程可写为

$$
\frac{\mathrm{d}}{\mathrm{d}t}\boldsymbol{f}(t) = \boldsymbol{M}(t)\boldsymbol{f}(t) + \boldsymbol{N}(t) \tag{5.25}
$$

式中，

$$
\boldsymbol{f} = \big(\delta X_a,\ \delta Y_a,\ \delta X_{b_i},\ \delta Y_{b_i},\ \delta X_{b_j},\ \delta Y_{b_j}\big)^{\mathrm{T}} \tag{5.26}
$$

$$M(t) = \begin{bmatrix} -\dfrac{\gamma_a}{2} & \Delta(t) & -\sqrt{2}\,g_i\langle Y_a(t)\rangle & 0 & -\sqrt{2}\,g_j\langle Y_a(t)\rangle & 0 \\[2mm] -\Delta(t) & -\dfrac{\gamma_a}{2} & \sqrt{2}\,g_i\langle X_a(t)\rangle & 0 & \sqrt{2}\,g_j\langle X_a(t)\rangle & 0 \\[2mm] 0 & 0 & -\dfrac{\gamma_i}{2} & \omega_i & 0 & 0 \\[2mm] \sqrt{2}\,g_i\langle X_a(t)\rangle & \sqrt{2}\,g_i\langle Y_a(t)\rangle & -\omega_i & -\dfrac{\gamma_i}{2} & 0 & 0 \\[2mm] 0 & 0 & 0 & 0 & -\dfrac{\gamma_j}{2} & \omega_j \\[2mm] \sqrt{2}\,g_j\langle X_a(t)\rangle & \sqrt{2}\,g_j\langle Y_a(t)\rangle & 0 & 0 & -\omega_j & -\dfrac{\gamma_j}{2} \end{bmatrix}$$

$$(5.27)$$

方程（5.25）中的噪声矢量定义为 $N(t) = \left(X_a^{in},\ Y_a^{in},\ X_{b_i}^{in},\ Y_{b_i}^{in},\ X_{b_j}^{in},\ Y_{b_j}^{in}\right)^T$，并

定义正交量为 $X_{h=a,\ b_i,\ b_j}^{in} = \left(h_{in}^+ + h_{in}\right)\big/\sqrt{2}$ 和 $Y_{h=a,\ b_i,\ b_j}^{in} = \mathrm{i}\left(h_{in}^+ - h_{in}\right)\big/\sqrt{2}$。$f(t)$ 的形

式解如下

$$f(t) = G(t)f(0) + G(t)\int_0^t G^{-1}(\tau)N(\tau)\mathrm{d}\tau \tag{5.28}$$

其中，$G(t)$ 满足方程 $G(t) = M(t)G(t)$，并有起始条件 $G(0) = I$（I 是单位矩阵）。

$$S(t) = \langle f_\alpha(t)f_\beta(t)\rangle \tag{5.29}$$

其中，α，$\beta = 1$，2，3，4，5，6。$S(t)$ 具有形式解

$$S(t) = G(t)S(0)G^T(t) + G(t)Z(0)G^T(t) \tag{5.30}$$

其中，$S(0)$ 是系统的初始条件，是指腔场模式和每个机械模式制备在基态

下。在式（5.30）中，$Z(t)$ 由式（5.31）给出：

$$Z(t) = \int_0^t\int_0^t G^{-1}(\tau)C(\tau,\ \tau')\left[G^{-1}(\tau')\right]^T\mathrm{d}\tau\mathrm{d}\tau' \tag{5.31}$$

其中，$C(\tau,\ \tau')$ 是两次噪声算子相关矩阵，由 $C(\tau,\ \tau') = \langle N_\alpha(\tau)N_\beta(\tau')\rangle$（$\alpha$，

$\beta = 1$，2，3，4，5，6）定义给出。由于 $C(\tau,\ \tau')$ 满足相关函数式（5.22），得到

$$C = \frac{1}{2}\begin{bmatrix} \gamma_a & \mathrm{i}\gamma_a & 0 & 0 & 0 & 0 \\ -\mathrm{i}\gamma_a & \gamma_a & 0 & 0 & 0 & 0 \\ 0 & 0 & \gamma_i(2\bar{n}_{m,\ i}+1) & \mathrm{i}\gamma_i & 0 & 0 \\ 0 & 0 & -\mathrm{i}\gamma_i & \gamma_i(2\bar{n}_{m,\ i}+1) & 0 & 0 \\ 0 & 0 & 0 & 0 & \gamma_j(2\bar{n}_{m,\ j}+1) & \mathrm{i}\gamma_2 \\ 0 & 0 & 0 & 0 & -\mathrm{i}\gamma_j & \gamma_j(2\bar{n}_{m,\ j}+1) \end{bmatrix}$$

$$(5.32)$$

5.3.3 两模机械压缩的产生及测量

接下来，将给出外部驱动振幅 $\Omega(t)$ 的形式。选择合适的 $\Omega(t)$ 形式，有助于两模压缩的产生。为了弄清楚压缩产生过程的物理机制，考虑了大失谐 $\Delta_c \gg \omega_i$。因此，条件 $\Delta_c \gg g\langle X_b \rangle$ 是可以采用的，并且可以利用近似条件 $\Delta(t) \approx \Delta_c$。根据这个假设，可以得到式（5.24）的绝热解

$$\langle a(t) \rangle \approx \frac{-\mathrm{i}\Omega(t)}{\gamma_a/2 + \mathrm{i}\Delta_c} \tag{5.33}$$

考虑外部驱动振幅的形式为 $\Omega(t) = \Omega_0 \sin\left[(\omega_m - \xi_0)t\right]$，其中 Ω_0 是一个常

数，$\xi_0 = \dfrac{g^2 \Omega_0^2 \Delta_c}{\left[\Delta_c^2 + \left(\dfrac{\gamma_0}{2}\right)^2\right]^2}$ 表示参量过程的有效强度。在下面的分析中，将详细

解释选择这种形式的 $\Omega(t)$ 的原因。

利用绝热近似，还可以得到腔场涨落算符的绝热解

$$\delta a \approx \frac{\mathrm{i}g\langle a(t) \rangle}{\mathrm{i}\Delta_c + \gamma_a/2} \sum_{i=1}^{N} g_i \left(\delta b_i^+ + \delta b_i\right) + F_{a,\,\mathrm{in}} \tag{5.34}$$

其中，$F_{a,\,\mathrm{in}} = \int_0^{t'} a_{\mathrm{in}}(\tau)\exp\left[\mathrm{i}\left(\Delta_c + \dfrac{1}{2}\gamma_a\right)(\tau - t)\right]\mathrm{d}\tau$。将式（5.34）代入式（5.23），第 i 个机械振子 δb_i 的运动方程可以写成

$$\frac{\mathrm{d}}{\mathrm{d}t}\delta b_i = -\mathrm{i}\omega_i \delta b_i + \mathrm{i}\eta_{ii}\left|\langle a(t) \rangle\right|^2 \left(\delta b_i^+ + \delta b_i\right) - \frac{\gamma_i}{2}\delta b_i +$$

$$\mathrm{i}\eta_{ii}\left|\langle a(t) \rangle\right|^2 \sum_{j=1}^{N-1}\left(\delta b_j^+ + \delta b_j\right) + F_{b,\,\mathrm{in}} \tag{5.35}$$

其中，$\eta_{ii} = \dfrac{2g_i^2 \Delta_c}{\Delta_c^2 + \gamma_a^2/4}$，$\eta_{ij} = \dfrac{2g_i g_j \Delta_c}{\Delta_c^2 + \gamma_a^2/4}$。$F_{b,\,\mathrm{in}}$ 由机械场和腔场两部分组成。

将式（5.33）代入式（5.35），并做变换 $\delta B_i = \delta b_i \mathrm{e}^{\mathrm{i}(\omega_i - \xi_i)t}$ 和 $\delta B_j = \delta b_j \mathrm{e}^{\mathrm{i}(\omega_j - \xi_j)t}$，可以得到

$$\frac{d}{dt}\delta B_i = -i\frac{\xi_{ll'}}{2}\delta B_i^+ e^{2i\left(\Delta\omega_i - \Delta\xi_{ij}\right)} -$$

$$i\sum_{j=1}^{N-1}\frac{\xi_j}{2}\delta B_j^+ e^{i\left[\left(\Delta\omega_i - \Delta\xi_i\right)+\left(\Delta\omega_j - \Delta\xi_j\right)\right]} -$$

$$\frac{\gamma_i}{2}\delta B_i + F_{b,\,in} e^{i\left(\omega_i - \xi_i\right)} \tag{5.36}$$

其中，$\xi_{ll'} = \dfrac{\eta_{ll'}\Omega_0^2}{2\left(\Delta_c^2 + \gamma_a^2/4\right)}$ ，$\Delta\omega_l = \omega_l - \omega_m$ 和 $\Delta\xi_l = \xi_l - \xi_0$ $(l,\ l' = i,\ j)$。忽略包

含小量 $e^{\pm 2i\left(\omega_m - \xi_0\right)t}$，$e^{\pm 2i\left[\left(\omega_m - \xi_0\right)+\left(\omega_i - \xi_i\right)\right]t}$ 和 $e^{\pm i\left[2\left(\omega_m - \xi_0\right)+\left(\omega_i - \xi_i\right)+\left(\omega_j - \xi_j\right)\right]t}$。如果每个机械谐振子

都相同，则每个振子的参数（例如频率和衰减率）都相同，则可以得到条

件 $\Delta\omega_l = 0$ 和 $\Delta\xi_l = 0$。其中，注意到机械振荡器在式（5.35）中经历了频率

移位 $\omega_i - \eta_{ii}\left|\langle a(t)\rangle\right|^2$，并且该移位频率的平均值与外部驱动场 $\Omega(t)$ 匹配。因

此，可以通过降低快速振荡相位因子来实现参数谐振，如式（5.36）所述。

共振过程能够动态地产生压缩。这就是选择外部驱动振幅为 $\Omega(t) =$

$\Omega_0 \sin\left[\left(\omega_m - \xi_0\right)t\right]$ 的原因。

根据式（5.36），有效哈密顿量可写为

$$H = \sum_{i,j}^{N}\frac{\xi_{ij}}{2}\left(b_i b_j + b_i^+ b_j^+\right) \tag{5.37}$$

多模腔光机械系统的有效相互作用可以归结为式（5.37）。因此，这个系统

可以成为制备两模压缩的一个很好的候选者。注意 ξ_{ij} 起有效强度的作用参

数化过程。从 ξ_{ij} 项的表达式来看，参数 g_{ij} 和 Ω_0 与 ξ_{ij} 成正比。在图5.6中

展示了这些性质，利用了简并的两个机械振子并具有相同参数，例如

$\omega_l = \omega_m$，$\gamma_l = \gamma$ 和 $g_l = g$ $(l = i,\ j)$。另外，应注意的是，其中定义了等量

$\xi_0 = \xi_{ll'}$。参数 ξ_0 与耦合常数 g 和驱动场振幅常数 Ω_0 的关系如图5.6所

示。因此，可以预测压缩特性与这两个参数（g_{ij} 和 Ω_0）为线性关系，与

振荡器的频率无关。在下文中，将研究参数（g_{ij}，Ω_0 和 N）将如何影响

压缩特性。

现在，回顾测量两模压缩的方法。为了研究机械振子的压缩特性，引

入正交算符

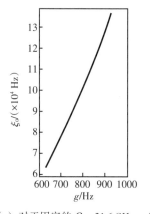
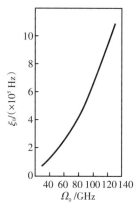

（a）对于固定的 $\Omega_0 = 31.6$ GHz，ξ_0 随
着耦合常数 g 的变化曲线

（b）对于每个机械耦合常数满足
$g = 2\pi \times 100$ Hz，ξ_0 随外驱动场
振幅常数 Ω_0 的变化曲线

图 5.6 ξ_0 随着耦合常数和外驱动场振幅常数 Ω_0 的变化曲线

注：图 5.6（a）和（b）都是在 $N = 2$ 的条件下所作的图。其他参数在上下文中给出。

$$\left.\begin{aligned}
\delta X_+(t) &= \frac{1}{2\sqrt{2}}\left\{\left[\delta b_i(t) + \delta b_i^+(t)\right] + \left[\delta b_j(t) + \delta b_j^+(t)\right]\right\} \\
\delta P_-(t) &= \frac{1}{\mathrm{i}2\sqrt{2}}\left\{\left[\delta b_i(t) - \delta b_i^+(t)\right] + \left[\delta b_j(t) - \delta b_j^+(t)\right]\right\}
\end{aligned}\right\} \tag{5.38}$$

由于 $\left[\delta X_+(t),\ \delta P_-(t)\right] = \dfrac{\mathrm{i}}{2}$，因此当满足条件 $\left(\delta X_+\right)^2 < \dfrac{1}{4}$ 或 $\left(\delta P_-\right)^2 < \dfrac{1}{4}$ 时，两模压缩即可产生。$\left(\delta X_+\right)^2$ 和 $\left(\delta P_-\right)^2$ 的具体表达式如下：

$$\left.\begin{aligned}
\left\langle \delta X_+^2(t)\right\rangle &= \frac{1}{4}\left[\left\langle \delta X_{bi}^2\right\rangle + \left\langle \delta X_{bj}^2\right\rangle + \left\langle \delta X_{bi}\right\rangle\left\langle \delta X_{bj}\right\rangle + \left\langle \delta X_{bj}\right\rangle\left\langle \delta X_{bi}\right\rangle\right] \\
\left\langle \delta P_-^2(t)\right\rangle &= \frac{1}{4}\left[\left\langle \delta Y_{bi}^2\right\rangle + \left\langle \delta Y_{bj}^2\right\rangle + \left\langle \delta Y_{bi}\right\rangle\left\langle \delta Y_{bj}\right\rangle + \left\langle \delta Y_{bj}\right\rangle\left\langle \delta Y_{bi}\right\rangle\right]
\end{aligned}\right\} \tag{5.39}$$

在本节中，用数值方法研究机械振子的压缩。选择腔光机械系统的真实参数如下：机械振子的振动频率 $\omega_m = 2\pi \times 1$ MHz，腔模与驱动场之间的失谐 $\Delta_c = 2\pi \times 10$ MHz，可移动镜子的泄漏率 $\gamma_{ij} = 2\pi \times 100$ Hz，腔场的衰减 $\gamma_c = 2\pi \times 100$ kHz，系数 $\Omega_0 \approx 31.6$ GHz，腔模与机械振子之间的耦合 $g = 2\pi \times 100$ Hz。与振子热浴的温度相关的参数为 $k_B T_m / (\hbar\omega_m) = 20$。

特别研究机械振子 $N = 2$ 的情形，并将讨论推广到两个以上的机械振子的模型。如图 5.7 所示，对于腔场和机械振子之间的不同耦合常数并有条件

$\omega_l = \omega_m$，绘制了 $\langle \delta X_+^2(t) \rangle$ 与 $\omega_m t$ 的关系图。尽管两个振子没有直接相互作用，但两模压缩出现在图5.7中。随着 g_i 的增加，压缩强度将越来越强。这样的结论不难理解，压缩来自腔场与机械振子之间的机械耦合。因此，通过改善机械耦合可以有效地提高压缩强度。

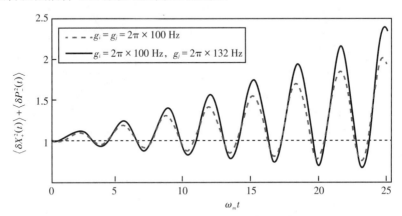

图5.7 腔场与机械振子耦合常数不同时 $\langle \delta X_+^2(t) \rangle$ 的时间演化

注：实线对应相同的耦合常数 $g_i = g_j = 2\pi \times 100$ Hz，虚线对应不同的耦合常数 $g_i = 2\pi \times 100$ Hz 和 $g_j = 2\pi \times 132$ Hz。其他参数在上下文中给出。

在不同的驱动场有常数 Ω_0，图5.8给出了 $\langle \delta X_+^2(t) \rangle$ 随 $\omega_m t$ 变化的关系图。图中清楚地表明：随着 Ω_0 值的增加，压缩变得更强。根据图5.7和图5.8，了解到机械振子的两模压缩特性与参数 g 和 Ω_0 为线性比例关系，这与前面在图5.6中的结论是相同的。

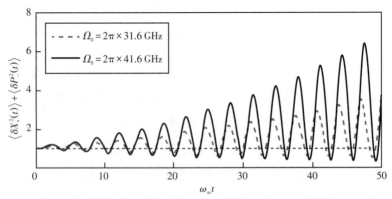

图5.8 在不同的驱动幅度系数时 $\langle \delta X_+^2(t) \rangle$ 的时间演化

注：腔场与每个机械振子的耦合系数为 $g_i = g_j = 2\pi \times 100$ Hz。其他参数在上下文中给出。

在图 5.9 中，给出了一个具有 $N=34$ 个机械振子系统的例子。比较 $N=2$ 和 $N=34$，发现当振子数目增加时，可以得到更大的机械压缩。这是因为对于多振子光机械系统，总有效耦合常数可视为 $\sum_i g_i$。因此，增加振子的个数可以使腔场与机械振子之间产生更强的有效耦合。当有效耦合得到改善时，如图 5.7 所示，可以获得更强的压缩。很明显，可以得到结论：机械振子的数目越多，机械压缩则越强。

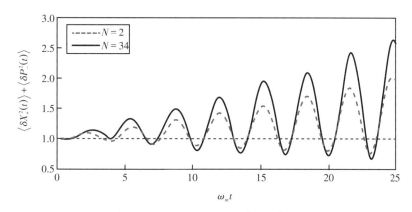

图5.9 在不同的机械振子数目时 $\left\langle \delta X_-^2(t) \right\rangle$ 的时间演化

注：实线和虚线分别对应 $N=34$ 和 2。其他参数在文中给出。

最后讨论如何通过输出场检测机械压缩。通过对式（5.23）进行傅里叶变换 $f(\omega)=1/\sqrt{2\pi}\int_{-\infty}^{\infty}\mathrm{e}^{\mathrm{i}\omega t}f(t)\mathrm{d}t$，并使 $\delta A=\delta a\mathrm{e}^{\mathrm{i}(\omega_m-\xi_0)t}$，可以得到稳态解

$$\nu(\omega)\delta A(\omega)=\ell\sum_{i=1}^{N}g_i\delta X_{bi}(\omega)+A_{\mathrm{in}}(\omega) \tag{5.40}$$

其中

$$\left.\begin{aligned}\nu(\omega)&=-\mathrm{i}\Big[\omega+(\omega_m-\xi_0)-\Delta_c\Big]+\frac{1}{2}\gamma_a\\[4pt]\ell&=\frac{\sqrt{2}\,\Omega_0}{\mathrm{i}\gamma_a-2\Delta_c}\end{aligned}\right\} \tag{5.41}$$

定义输出场的谱为

$$2\pi S_{\delta A_{\mathrm{out}}}(\omega+\Omega)=\frac{1}{2}\Big[\delta A_{\mathrm{out}}(\omega)\delta A_{\mathrm{out}}(\Omega)+\delta A_{\mathrm{out}}(\Omega)\delta A_{\mathrm{out}}(\omega)\Big] \tag{5.42}$$

根据输入输出关系 $\delta A_{\text{out}} + \delta A_{\text{in}} = \sqrt{\gamma_a}\, \delta A$，则这个输出场的谱可以写为

$$S_{\delta A_{\text{out}}}(\omega) = \frac{\gamma_a \ell^2}{\nu(\omega)\nu(-\omega)} \sum_{i,j}^{N} g_i g_j \delta X_{bi}(\omega)\delta X_{bj}(-\omega) +$$

$$\textit{noise terms}$$

$$(5.43)$$

在式（5.43）中，发现腔场的输出谱与机械振荡器的压缩谱 $\sum g_i^2 \delta X_{bi}(\omega)$ $\delta X_{bi}(-\omega)$ 有关。腔场的输出谱可以反映机械振子的压缩效应，对应的变换近似值为 $\gamma_a \ell^2 \sum_{i}^{N} \dfrac{g_i^2}{\nu(\omega)\nu(-\omega)}$。因此，在不影响系统动力学的情况下，通过测量输出场的频谱可以直接检测到机械压缩。

5.4　本章小结

综上所述，本章研究了一个包含 N 个机械系统的多模腔光机械系统。这个系统是由外场驱动的，振幅随时间变化。当选择一个特殊的驱动场 $\Omega(t) = \Omega_0 \sin[(\omega_m - \xi_0)t]$ 时，参数共振可近似地达到，同时在多模腔光机械系统中可以观察到产生两模式压缩场。我们发现，随着耦合常数和振幅的增加，压缩效应增强。此外，增加机械振子的数量可以增强腔场与机械振荡器之间的有效耦合。因此，可以得出结论：机械振子的数目越大，压缩强度越大。另外，还证明了两模光机械系统通过测量腔的输出光谱可以直接检测到压缩领域。

6 | 耦合原子的两模腔光机械系统中脉冲传输和态转移

本章研究原子对两模腔光机械系统的量子态转移及脉冲传输的影响。在频域下，原子的相干性使得不同频率的腔模之间实现两次达到最大态转移。并且，原子的存在还影响脉冲从一个腔模输入到另一个腔模输出的传输时间。通过在两模腔光机械系统中引入 Λ 型三能级原子，提供一种控制两模腔场之间的态转移及光信息存储等问题的方案。

6.1 研究背景

在前面的章节中，已经多次强调腔光机械领域在物理学中受到大家广泛关注。光机械系统有利于人们研究宏观尺度物质的量子效应，因此，人们热衷于寻求一种增强光腔与机械振子之间的耦合的方法，从而增强它们的非线性效应。在腔模与机械振子强耦合的系统中[32, 64, 127-128]，人们可以控制光的传输速度，或者观测机械系统中的电磁诱导透明，或者调节光延迟等。有效强耦合的实现有利于简并模分裂，且其分裂值可达到腔模线宽[127]的6倍。此外，光腔与机械振子之间的强耦合使得两个可移动镜子之间的纠缠、态转移、冷却机械振子到基态的实现成为可能。

随着光机械装置的发展，越来越多的人基于机械系统研究了量子态转移、信息存储和操控等量子特性[51-53, 128-133]。Tian 等人[129] 提出利用一列 π/2 的脉冲，在完全不同波长的两个腔模中实现量子态转移。在文献［132］中，Singh 等人通过绝热剔除腔模，描述玻色凝聚原子与可移动镜子之间的量子态转移。此外，Stannigel 等人研究了固态与光子量子比特之间相互作用的量子网络，给出多体量子网络的有效描述，并得到长距离量子信息的量子态转移[134]。Tian[53] 通过绝热地调节有效的光机械耦合，得到不同频率的腔模之间高保真度的量子态转移。

总结以上的工作[52, 53, 129, 132, 133]，人们提出很多实现不同腔模或者机械振子之间的量子态转移的方法。因此，为了便于应用，很有必要找到一种控制这种量子态转移的方法。在这一章，根据文献［53］，利用原子的能级相干可以控制不同频率的腔模之间的量子态转移。当 Λ 型的三能级原子注入两模腔场时，两模腔同时耦合一个可移动的镜子。通过求解系统的动力学演化方程，发现从一个腔模输入可以两次最大限度转移到另一个腔模。绝热剔除原子和机械振子，得到输入输出脉冲之间的关系，并且分析原子对其的影响。

6.2　模型介绍及理论计算

本节考虑的模型是两模腔同时耦合一个可移动镜子，如图 6.1 所示。

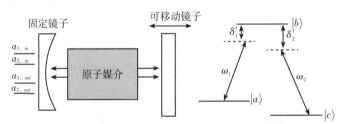

图6.1　两模腔光机械系统耦合三能级原子系统示意图

两束频率为 ω_{lj} 的经典激光与两模腔相互作用，Λ 型三能级原子注入腔场中。系统的哈密顿量写为

$$
\left.
\begin{aligned}
H &= H_0 + H_1 \\
H_0 &= \sum_{j=1,\,2} \hbar\omega_j a_j^+ a_j + \hbar\omega_m b^+ b + \sum_{i=a,\,b,\,c} \hbar\omega_i \sigma_{ii} \\
H_1 &= \sum_{j=1,\,2} \hbar G_j a_j^+ a_j \left(b_m + b_m^+\right) + \sum_{j=1,\,2} i\hbar\varepsilon_j \left(a_j^+ e^{-i\omega_{lj}t} + a_j e^{i\omega_{lj}t}\right) + \\
&\quad \hbar\left(g_1 \sigma_{ba} a_1 + g_2 \sigma_{cb} a_2 + h.c.\right)
\end{aligned}
\right\}
\tag{6.1}
$$

H_0 是两模腔场，包括机械振子和原子的自由能，其中 ω_j 是两模腔场的

频率，$a_j(a_j^+)$ 是腔模的湮灭（产生）算符。ω_m，$b_m(b_m^+)$ 分别是机械振子的频率、湮灭（产生）算符。$\sigma_{ii'}=|i\rangle\langle i'|[i(i')=a,\ b,\ c]$ 是原子的自旋算符，ω_i 是原子能级 $|i\rangle$ 所对应的频率。在相互作用哈密顿量 H_1 中，第一项指的是两模场与机械振子的耦合作用项，其耦合系数为 G_j。第二项是两束经典激光与腔模的相互作用关系式，其中驱动场振幅为 $\varepsilon_j=\sqrt{\dfrac{p_j}{\hbar\omega_{l_j}}}$，$p_j$ 为驱动场功率。第三项是原子与腔模的耦合作用项，g_j 为它们之间的耦合系数。

通过标准的线性化过程，有效的哈密顿量写为

$$
\begin{aligned}
H_{\text{eff}}=&\sum_{j=1,\ 2}\hbar\left(\delta_j-\delta_j'-\omega_m\right)a_j^+a_j+\\
&\sum_{j=1,\ 2}\hbar J_j\left(a_j^+b_m+b_m^j a_j\right)-\\
&\hbar(\delta_1-\omega_m)\sigma_{aa}-\hbar(\delta_2-\omega_m)\sigma_{cc}+\\
&\hbar\left(g_1\sigma_{ba}a_1+g_2\sigma_{bc}a_2+h.c.\right)
\end{aligned}
\tag{6.2}
$$

其中，$\delta_1=\omega_b-\omega_a-\omega_{l_1}$，$\delta_2=\omega_b-\omega_c-\omega_{l_2}$，$\delta_1'=\omega_b-\omega_a-\omega_1$，$\delta_2'=\omega_b-\omega_c-\omega_2$。因此 $\delta_j-\delta_j'=\omega_a-\omega_{l_j}$ 指的是经典驱动场与腔模之间的失谐值。$J_j=G_j a_{js}$ 称为腔模与机械振子之间的有效耦合值，其中 a_{js} 是腔模的稳态解。量子朗之万方程可写为

$$
\left.
\begin{aligned}
&\frac{\mathrm{d}}{\mathrm{d}t}a_1=-\left[\kappa_1+\mathrm{i}\left(\delta_1-\delta_1'-\omega_m\right)\right]a_1-\mathrm{i}g_1\sigma_{ba}-\mathrm{i}J_1 b_m+\sqrt{2\kappa_1}\,a_{1,\text{in}}\\
&\frac{\mathrm{d}}{\mathrm{d}t}a_2=-\left[\kappa_2+\mathrm{i}\left(\delta_2-\delta_2'-\omega_m\right)\right]a_2-\mathrm{i}g_2\sigma_{bc}-\mathrm{i}J_2 b_m+\sqrt{2\kappa_2}\,a_{2,\text{in}}\\
&\frac{\mathrm{d}}{\mathrm{d}t}\sigma_{ab}=-\left[\gamma+\mathrm{i}(\delta_1-\omega_m)\right]\sigma_{ab}-\mathrm{i}g_1 a_1(\sigma_{aa}-\sigma_{bb})-\mathrm{i}g_2 a_2\sigma_{ac}\\
&\frac{\mathrm{d}}{\mathrm{d}t}\sigma_{cb}=-\left[\gamma+\mathrm{i}(\delta_2-\omega_m)\right]\sigma_{cb}-\mathrm{i}g_2 a_2(\sigma_{cc}-\sigma_{bb})-\mathrm{i}g_1 a_1\sigma_{ca}\\
&\frac{\mathrm{d}}{\mathrm{d}t}b_m=-\gamma_m b_m-\mathrm{i}J_1 a_1-\mathrm{i}J_2 a_2+b_{\text{in}}
\end{aligned}
\right\}
\tag{6.3}
$$

其中，两模腔的耗散率分别为 κ_1 和 κ_2，可移动镜子和原子的耗散率为 γ_m 和 γ。式（6.3）引入腔场和机械振子的量子噪声 $a_{j,\text{in}}$ 和 b_{in}，它们的平均值为零，满足关系 $\langle a_{j,\text{in}}(t)a_{j,\text{in}}^+(t')\rangle=\delta(t-t')$，$\langle a_{j,\text{in}}^+(t)a_{j,\text{in}}(t')\rangle=0$，$\langle b_{\text{in}}(t)b_{\text{in}}^+(t')\rangle=(\bar{n}_m+1)\delta(t-t')$ 和 $\langle b_{\text{in}}^+(t)b_{\text{in}}(t')\rangle=\bar{n}_m\delta(t-t')$。$\bar{n}_m=\left\{\exp\left[\hbar\omega_m/(k_B T)\right]-1\right\}^{-1}$ 是可移

动镜子处于温度为 T 的热环境中的声子激发数，k_B 是玻尔兹曼常量。

为了得到式（6.3）的稳态解，通过利用线性近似理论，可以得到原子算符 σ_{ba} 和 σ_{bc} 的行为方程。对于含有 σ_{ij} 乘 $a(a^+)$ 的项，σ_{ij} 可由 $\langle\sigma_{ij}\rangle$ 替代。因此，式（6.3）中原子算符的行为方程可写为

$$\left.\begin{aligned}\frac{\mathrm{d}}{\mathrm{d}t}\sigma_{ab} &= -\left[\gamma+\mathrm{i}(\delta_1-\omega_m)\right]\sigma_{ab}-\mathrm{i}g_1 r_a\rho^0_{aa}a_1+\mathrm{i}g_2 r_a\rho^0_{ca}a_2\\ \frac{\mathrm{d}}{\mathrm{d}t}\sigma_{cb} &= -\left[\gamma+\mathrm{i}(\delta_2-\omega_m)\right]\sigma_{cb}-\mathrm{i}g_1 r_a\rho^0_{ca}a_1+\mathrm{i}g_2 r_a\rho^0_{cc}a_2\end{aligned}\right\} \tag{6.4}$$

其中，假定射入腔场时的原子态是 $\rho_a=\rho^0_{aa}|a\rangle\langle a|+\rho^0_{cc}|c\rangle\langle c|+\rho^0_{ca}(|c\rangle\langle a|+|a\rangle\langle c|)$，入射率为 r_a。对式（6.3）和式（6.4）进行傅里叶变换 $f(\omega)=1/\sqrt{2\pi}\int_{-\infty}^{\infty}\mathrm{e}^{\mathrm{i}\omega t}f(t)\mathrm{d}t$，剔除原子算符，最终得到两模腔 $a_2(\omega)$ 和机械镜子 $b_m(\omega)$ 的稳态解

$$\left.\begin{aligned}a_1(\omega) &= \tau_{11}(\omega)a_{1,\,\mathrm{in}}(\omega)+\tau_{12}(\omega)b_{1,\,\mathrm{in}}(\omega)+\tau_{13}(\omega)a_{2,\,\mathrm{in}}(\omega)\\ b_m(\omega) &= \tau_{21}(\omega)a_{1,\,\mathrm{in}}(\omega)+\tau_{22}(\omega)b_{1,\,\mathrm{in}}(\omega)+\tau_{23}(\omega)a_{2,\,\mathrm{in}}(\omega)\\ a_2(\omega) &= \tau_{31}(\omega)a_{1,\,\mathrm{in}}(\omega)+\tau_{32}(\omega)b_{1,\,\mathrm{in}}(\omega)+\tau_{33}(\omega)a_{2,\,\mathrm{in}}(\omega)\end{aligned}\right\} \tag{6.5}$$

其中

$$\left.\begin{aligned}\tau_{11}(\omega) &= \frac{\sqrt{2\kappa_1}B_2}{A_1 A_2-B_1 B_2}\\[4pt] \tau_{12}(\omega) &= \frac{-\mathrm{i}J_1 A_2+\mathrm{i}J_2 B_1}{(\gamma_m-\mathrm{i}\omega)(A_1 A_2-B_1 B_2)}\\[4pt] \tau_{13}(\omega) &= \frac{-\sqrt{2\kappa_1}B_1}{A_1 A_2-B_1 B_2}\\[4pt] \tau_{21}(\omega) &= \frac{-\mathrm{i}\sqrt{2\kappa_1}J_1 A_2+\mathrm{i}\sqrt{2\kappa_1}J_2 B_2}{(\gamma_m-\mathrm{i}\omega)(A_1 A_2-B_1 B_2)}\\[4pt] \tau_{22}(\omega) &= \frac{-J_1^2 A_2-J_2^2 A_1+J_1 J_2 B_2(B_1+B_2)}{(\gamma_m-\mathrm{i}\omega)^2(A_1 A_2-B_1 B_2)}+\frac{1}{\gamma_m-\mathrm{i}\omega}\\[4pt] \tau_{23}(\omega) &= \frac{-\mathrm{i}\sqrt{2\kappa_2}J_1 B_1-\mathrm{i}\sqrt{2\kappa_2}J_2 A_1}{(\gamma_m-\mathrm{i}\omega)(A_1 A_2-B_1 B_2)}\\[4pt] \tau_{31}(\omega) &= \frac{-\sqrt{2\kappa_1}B_2}{A_1 A_2-B_1 B_2}\\[4pt] \tau_{32}(\omega) &= \frac{-\mathrm{i}J_2 A_1+\mathrm{i}J_1 B_2}{(\gamma_m-\mathrm{i}\omega)(A_1 A_2-B_1 B_2)}\\[4pt] \tau_{33}(\omega) &= \frac{\sqrt{2\kappa_2}A_1}{A_1 A_2-B_1 B_2}\end{aligned}\right\} \tag{6.6}$$

和

$$
\left.
\begin{aligned}
A_1 &= \left[\kappa_1 + \mathrm{i}\left(\delta_1 - \delta_1' - \omega_m\right) - \mathrm{i}\omega\right] + \frac{g_1^2 r_a \rho_{aa}^0}{\gamma + \mathrm{i}\left(\delta_1 - \omega_m\right) - \mathrm{i}\omega} + \frac{J_1^2}{\gamma_m - \mathrm{i}\omega} \\
A_2 &= \left[\kappa_2 + \mathrm{i}\left(\delta_2 - \delta_2' - \omega_m\right) - \mathrm{i}\omega\right] + \frac{g_2^2 r_a \rho_{cc}^0}{\gamma + \mathrm{i}\left(\delta_2 - \omega_m\right) - \mathrm{i}\omega} + \frac{J_2^2}{\gamma_m - \mathrm{i}\omega} \\
B_1 &= \frac{J_1 J_2}{\gamma_m - \mathrm{i}\omega} - \frac{g_1 g_2 r_a \rho_{ca}^0}{\gamma + \mathrm{i}\left(\delta_1 - \omega_m\right) - \mathrm{i}\omega} \\
B_2 &= \frac{J_1 J_2}{\gamma_m - \mathrm{i}\omega} - \frac{g_1 g_2 r_a \rho_{ca}^0}{\gamma + \mathrm{i}\left(\delta_2 - \omega_m\right) - \mathrm{i}\omega}
\end{aligned}
\right\}
\tag{6.7}
$$

根据输入输出关系，可以得到输出场

$$
\begin{bmatrix}
a_{1,\,\text{out}}(\omega) \\
b_{m,\,\text{out}}(\omega) \\
a_{2,\,\text{out}}(\omega)
\end{bmatrix}
= \boldsymbol{T}
\begin{bmatrix}
a_{1,\,\text{in}}(\omega) \\
b_{m,\,\text{in}}(\omega) \\
a_{2,\,\text{in}}(\omega)
\end{bmatrix}
\tag{6.8}
$$

其中 $\boldsymbol{T} = \boldsymbol{D} \begin{bmatrix} \tau_{11} & \tau_{12} & \tau_{13} \\ \tau_{21} & \tau_{22} & \tau_{23} \\ \tau_{31} & \tau_{32} & \tau_{33} \end{bmatrix} - \boldsymbol{I}$ 和 $\boldsymbol{D} = \mathrm{diag}\left(\sqrt{2\kappa_1}, \quad \sqrt{2\gamma_m}, \quad \sqrt{2\kappa_2}\right)$。矩阵 $\boldsymbol{T}$ 代表从

输入场到输出场之间的传输率。腔模 a_2 的输出场 $a_{2,\,\text{out}}(\omega)$ 表示为

$$
a_{2,\,\text{out}}(\omega) = \boldsymbol{T}_{33}(\omega) a_{2,\,\text{in}}(\omega) + \boldsymbol{T}_{32}(\omega) b_{\text{in}}(\omega) + \boldsymbol{T}_{31}(\omega) a_{1,\,\text{in}}(\omega)
\tag{6.9}
$$

其中，$\boldsymbol{T}_{33}(\omega) = \sqrt{2\kappa_2}\,\tau_{33}(\omega) - 1$，$\boldsymbol{T}_{32}(\omega) = \sqrt{2\kappa_2}\,\tau_{32}(\omega)$ 和 $\boldsymbol{T}_{31}(\omega) = \sqrt{2\kappa_2}\,\tau_{31}(\omega)$。从方程（6.9）可知，输出腔模 $a_{2,\,\text{out}}(\omega)$ 包括三部分。第一项（第三项）来源于输入场 $a_{2,\,\text{in}}(\omega)$（$a_{1,\,\text{in}}(\omega)$），第二项来源于机械振子与非零温环境的耦合。当传输矩阵 $\boldsymbol{T}_{31}(\omega) \to 1$ 且 $\boldsymbol{T}_{33}(\omega)$ 和 $\boldsymbol{T}_{32}(\omega) \to 0$，两模腔之间发生了量子态转移。这其中的物理意义是腔模 a_1 输入的脉冲 $a_{1,\,\text{in}}(\omega)$ 完全从腔模 a_2 输出，即输出脉冲为 $a_{2,\,\text{out}}(\omega)$，这可以由物理量 $\boldsymbol{T}_{31}(\omega) \to 1$ 表示。同时，输入噪声 $b_{\text{in}}(\omega)$ 和 $a_{2,\,\text{in}}(\omega)$ 都有效地被阻止在腔外。由于矩阵 $\boldsymbol{T}$ 是一个幺正矩阵，$\boldsymbol{T}_{31}(\omega)$，$\boldsymbol{T}_{32}(\omega)$ 和 $\boldsymbol{T}_{33}(\omega)$ 是彼此关联的矩阵。所以，只要满足条件 $\boldsymbol{T}_{31}(\omega) \to 1$，其他条件 $\boldsymbol{T}_{33}(\omega)$ 和 $\boldsymbol{T}_{32}(\omega) \to 0$ 将自动满足。从式（6.6）中的传输矩阵 $\boldsymbol{T}_{31}(\omega)$ 可以看到 $\boldsymbol{T}_{31}(\omega)$ 不仅依赖原子与腔模之间有效的耦合系数 $g_j(j = 1, 2)$，而且取决于原子入射率 r_a。

6.3 原子对两模腔光机械系统中量子态转移 及脉冲传输的影响

6.2 节得到了 $T_{31}(\omega)$，对应输入脉冲 $a_{1, \text{in}}(\omega)$ 到输出脉冲 $a_{2, \text{out}}(\omega)$ 的传输概率。通过定义一个单位参数 $J_0 = \sqrt{J_1^2 + J_2^2}$，其余参数如下：腔模的耗散率分别为 $\kappa_1/J_0 = 0.096$ 和 $\kappa_2/J_0 = 0.054$，机械共振子的耗散率为 $\gamma_m/J_0 = 0.0002$，腔模和可移动镜子之间的耦合分别为 $J_1 = 4$ 和 $J_2 = 3$（以 J_0 为单位参数）。两模腔场的失谐量 $\delta_1' = \delta_2' = 0$。原子的耗散率 $\gamma = \gamma_m/10$。两模腔与原子的耦合假定相同，$g_1/J_0 = g_2/J_0 = 10^{-2}$。另外，选择态为 $\rho_a = \frac{1}{2} + (|a\rangle\langle a| + |c\rangle\langle c| + |c\rangle\langle a| + |a\rangle\langle c|)$ 的原子和共振条件 $\delta_1 = \delta_2 = \omega_m$。

图 6.2 给出了在两个不同条件下：$r_a = 10$ 和 $r_a = 180$，传输值 $T_{31}(\omega)$ 的变化行为。结果表现为：在 $\omega = 0$ 的条件下，从输入 $a_{1, \text{in}}(\omega)$ 到输出 $a_{2, \text{out}}(\omega)$ 的最大值并没有出现如文献［53］的情况。原子的存在使得传输谱分裂为两个波峰；得到两个最大的传输值 $T_{31}(\omega)$。从 $T_{31}(\omega)$ 的表达式来看，原子的存在通过 A_1，A_2，B_1 和 B_2 中的式子 $g_1^2 r_a \rho_{aa}^0 / [\gamma + \text{i}(\delta_1 - \omega_m) - \text{i}\omega]$，$g_2^2 r_a \rho_{cc}^0 / [\gamma + \text{i}(\delta_2 - \omega_m) - \text{i}\omega]$，$g_1 g_2 r_a \rho_{ca}^0 / [\gamma + \text{i}(\delta_1 - \omega_m) - \text{i}\omega]$ 和 $g_1 g_2 r_a \rho_{ca}^0 / [\gamma + \text{i}(\delta_2 - \omega_m) - \text{i}\omega]$ 影响了两模腔之间的态转移。在 $\omega = 0$ 的条件下，原子的存在使得 $T_{31}(\omega)$ 分母的绝对值大幅度地增加。因此，$T_{31}(\omega)$ 的平均值急剧地下降到零。然而，当 ω 近似等于 $\pm g_j g_{j'} r_a \rho_{\alpha\alpha'}(j=1，2；\alpha = a，c)$ 时，$T_{31}(\omega)$ 的分母降到最小值，即输入脉冲 $a_{1, \text{in}}(\omega)$ 到输出脉冲 $a_{2, \text{out}}(\omega)$ 的传输达到了最大值。原子的存在影响稳态解，以至于改变了光子数分布。图 6.2 反映出传输谱分裂为两个波峰，可以理解为在 $\omega = 0$ 时光子储存在原子中。因此，通过将原子引入两模腔光机械系统中，可以控制在 $\omega = 0$ 时最大态转移从输入 $a_{1, \text{in}}(\omega)$ 到输出 $a_{2, \text{out}}(\omega)$ 是否发生；仍然可以调节原子入射率 r_a 来改变发生两次最大两模量子态转移时所对应的频域范围。此外，通过验证发现原子进入腔场时的初始态并不影响两模腔场的量子态转移。因此，在这个过程中，没有必

要考虑射入原子的初态。

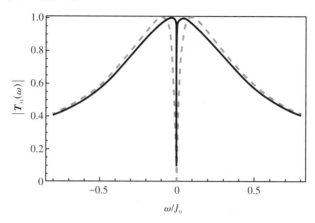

图6.2 两模腔场态转移

注：① $r_a = 10$（实线）；② $r_a = 180$（虚线）。其余参数为 $J_1 = 4$ 和 $J_2 = 3$（以 J_0 为单位参数），$\delta_1' = \delta_2' = 0$，$\gamma = \gamma_m/10$, $g_1/J_0 = g_2/J_0 = 10^{-2}$，$\delta_1 = \delta_2 = \omega_m$ 和原子初态 $\rho_a = \dfrac{1}{2} + (|a\rangle\langle a| + |c\rangle\langle c| + |c\rangle\langle a| + |a\rangle\langle c|)$。

Vanner 等人第一次理论上研究了脉冲光机械系统中的量子应用[135]。他们提出利用短光脉冲可以实现量子态层析成像、压缩和机械态的纯化。接下来，分析输入输出脉冲之间的关系。当输入噪声 $a_{2,\,\text{in}}(\omega)$ 和 $b_{\text{in}}(\omega)$ 被阻止进入腔场（$\langle a_{2,\,\text{in}}(\omega)\rangle = \langle b_{\text{in}}(\omega)\rangle = 0$），输出脉冲的平均值 $\langle a_{2,\,\text{out}}(\omega)\rangle$ 可以用输入脉冲 $\langle a_{1,\,\text{in}}(\omega)\rangle$ 表示，正如 $\langle a_{2,\,\text{out}}(\omega)\rangle = T_{31}\langle a_{1,\,\text{in}}(\omega)\rangle$，其中 $T_{31}(\omega)$ 可以看作两模腔场之间传输的概率。因此，输出脉冲可以表示为

$$\langle a_{2,\,\text{out}}(t)\rangle = \frac{1}{2\pi}\int_{-\infty}^{\infty} T_{31}(\omega)\langle a_{1,\,\text{in}}(\omega)\rangle \mathrm{e}^{-i\omega t}\mathrm{d}\omega \tag{6.10}$$

假定输入脉冲的形式为 $\langle a_{1,\,\text{in}}(t)\rangle = \alpha \mathrm{e}^{-\sigma_\omega^2 t^2/2}$。由于 α 并不会影响两模腔态转移的保真度，因此接下来的讨论中规定 $\alpha = 1$。这一节研究三能级原子如何影响输出脉冲，如图 6.3 所示。当腔场中没有原子存在时，输入脉冲 $a_{1,\,\text{in}}(t)$ 完全转移到输出脉冲 $a_{2,\,\text{out}}(t)$；当 $J_0 t = 0$ 时，传输值对应最大值（见文献［53］）。在图 6.3 中，当原子以 r_a 的速率注入腔内时，在 $J_0 t = 0$ 时传输值仍然为最大值，但却小于 1，这意味着输入脉冲 $a_{1,\,\text{in}}(t)$ 没有完全输出。由于原子的存在，输入信息被存储在原子中；当 $J_0 t > 56$ 时，脉冲传输再一次

发生了。经过两次传输，输入脉冲 $a_{1,\,in}(t)$ 转移到 a_2 模，输出脉冲 $a_{2,\,out}(t)$。由于不同的入射率改变了光子数布局，两次最大转移和传输时间均由原子入射率决定。图6.3为当 $r_a = 180$ 时两模腔场之间的传输时间短于 $r_a = 10$ 的情况。

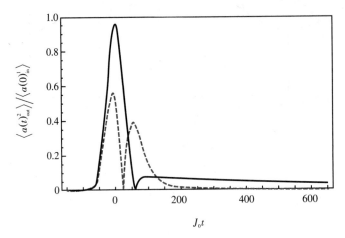

图6.3　输出谱的随时演化

注：对于不同的原子入射率，输出脉冲与输入脉冲的比值 $\langle a(t)_{out}^2 \rangle / \langle a(0)_{in}^1 \rangle$ 随 $J_0 t$ 的变化：① $r_a = 10$（实线）；② $r_a = 180$（虚线）。其余所取参数同图6.2。

6.4　本章小结

综上所述，本章考虑了一个光机械两模腔，该腔耦合三能级原子的同时受到经典场驱动。原子的存在影响不同频率的两模腔场之间的态转移。结果表明：由于三能级原子的能级相干，态转移的传输谱分裂为两个波峰；获得两次最大转移，即从一个腔模输入 $\langle a_{1,\,in}(\omega) \rangle$ 转移到另一个腔模输出 $\langle a_{2,\,out}(\omega) \rangle$。在热噪声和腔模 a_2 的输入噪声都被抑制的条件下，得到输出脉冲和输入脉冲的关系。对于不同的原子入射率，从输入到输出的脉冲传输时间发生了变化，并大于没有原子时所需的时间。由于光信息储存于原子中，所以传输谱表现为一个波谷。因此，通过引入原子，可以控制完全不同频率的两模腔之间的态转移以及脉冲传输的时间。

7 | 原子对机械振荡器冷却的增强

本章研究了与三能级级联原子耦合的两模光机械腔，提出一种通过引入原子介质来增强光机械振荡器冷却的方案。结果表明，与无原子的情况相比，原子的存在可以导致机械振荡器的有效温度降低。原子的相干性影响腔内光子的数量，从而导致可移动镜子上辐射压力的变化。本章还证明了机械振荡器的冷却与注入原子的初始状态有关。

7.1 研究背景

光机械系统是耦合机械谐振器到空腔内的一种系统。其在纠缠[32, 48]、高精度测量[136-137]和量子信息传输[134, 138]方面有潜在应用，因而引起了广泛的关注。为了实现这些性能，机械谐振器应该冷却到基态。随着腔光学机械系统的研究进展，研究人员发现了各种冷却机械谐振器的方法[106, 139-141]。例如，Liao 和 Law 提出一种利用丘普脉冲冷却腔光力学中机械谐振器的方法[139]。在参考文献[142]中，Huang 等人在一个腔内放置一个光学参数放大器，结果表明，机械谐振器的冷却可以大大改善。此外，各种实验结果表明，机械振荡器通过与光腔的耦合实现了冷却[18, 41, 33, 40, 143]。在这些实验中，作者采用了自冷技术，通过辐射压力使机械自由度降至量子基态[41]。因此，它是通过自冷来冷却机械振荡器的一种重要方法。

辐射压力的增加会导致机械振荡器快速冷却，这意味着自冷。此外，Ian 等人还表明，通过将原子嵌入腔内，这些原子可以有效地增强振荡腔的辐射压力[76]。因此，自然的问题是：当腔光机械系统与原子耦合时，机械振荡器的温度会有什么变化？本章提出了一种在两模光机械腔中通过利用三能级原子的相干性而冷却机械振荡器的方案。选择该模型的原因是三级级联原子耦合可以扩大光子数，从而提高辐射压力。另外，两模腔光机械系统在两腔纠缠、量子非线性增强[144]、量子态转移[145]等方面有着广泛的应用。降低热噪声是实现这些量子特性的必要条件。因此，在两模腔光机械系统中，机械振荡器的冷却是必要的。本章将分析注入腔内的三能级原子如何影响机械振荡器的温度。

7.2　模型介绍及理论计算

本节所考虑的系统是一个两模腔，带有一个可移动的完全反射镜和两个固定的可部分发射光镜，如图7.1所示。

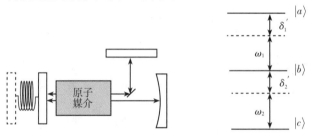

图7.1　两模腔光机械系统耦合三能级原子

三级级联原子介质被注入腔内并与两模腔场相互作用。混合系统的哈密顿量为 $H = H_1 + H_2$。系统在绝热状态下的自由能为

$$H_1 = \sum_{j=1,2} \hbar\omega_j a_j^+ a_j + \left(\frac{1}{2}m\omega_m^2 q^2 + \frac{p^2}{2m}\right) + \sum_{i=a,b,c} \hbar\omega_i \sigma_{ii} \tag{7.1}$$

其中，第一项式子代表两模腔场的能量，其中 a_j（a_j^+）是第 j 个腔场湮灭算符（产生算符），ω_j 是腔场频率。第二项代表机械振子的能量，其中 m，ω_m，p 和 q 分别是机械振子的质量、频率、动量和位移。第三项表示的是原子的能量，$\sigma_{ii} = |i\rangle\langle i|$ 是原子的自旋算符，ω_i 是原子相对应能级的频率。

相互作用的哈密顿量如下：

$$H_2 = \sum_{j=1,2} i\hbar\varepsilon_j \left(a_j^+ e^{-i\omega_{lj}t} + a_j e^{i\omega_{lj}t}\right) - \sum_{j=1,2} \hbar\chi_j q a_j^+ a_j +$$
$$\hbar\left(g_1 \sigma_{ba} a_1^+ + g_2 \sigma_{cb} a_2^+ + \cdots\right) \tag{7.2}$$

第一项代表的是频率为 ω_{l1} 和 ω_{l2} 的两束经典激光驱动腔场的关系式，ε_j 是驱动激光器的振幅，和与其对应的功率 p_j 有关，其对应关系为 $\varepsilon_j = \sqrt{2\kappa_j p_j/(\hbar\omega_{lj})}$。其中 κ_j 是腔场的衰减率。在辐射压力的作用下，振荡器从其平衡位置以瞬时位移 q 沿腔轴移动。第二项来自可移动镜子通过辐射压力与腔场的耦合，即辐射压耦合关系，其系数为 $\chi_j = \dfrac{\omega_j}{L}\sqrt{\dfrac{\hbar}{m\omega m_j}}$。第三项是原子与腔之间的相互作用，其中 $\sigma_{ij} = |i\rangle\langle j|(i, j = a, b, c)$ 是原子的自旋算子，g_1 和 g_2 是它们的耦合常数。

通过酉变换

$$\left.\begin{array}{l} U = \mathrm{e}^{-iH_0 t} \\ H_0 = \displaystyle\sum_{i=a,\,b,\,c} \hbar\omega_b \sigma_{ii} + \sum_{j=1,\,2} \hbar\omega_{lj} a_j^+ a_j + \omega_{l1}\sigma_{aa} - \omega_{l2}\sigma_{bb} \end{array}\right\} \tag{7.3}$$

可以得到一个新的哈密顿量

$$\begin{aligned} H_I = {} & \hbar\delta_1\sigma_{aa} - \hbar\delta_2\sigma_{cc} + \hbar\left(g_1\sigma_{ba}a_1^+ + g_2\sigma_{cb}a_2^+ + h.c.\right) + \\ & \hbar\left(\delta_1 - \delta_1'\right)a_1^+ a_1 + \hbar\left(\delta_2 - \delta_2'\right)a_2^+ a_2 + i\varepsilon_1\hbar\left(a_1^+ - a_1\right) + i\varepsilon_2\hbar\left(a_2^+ - a_2\right) + \\ & \left(\frac{1}{2}m\omega_m^2 q^2 + \frac{p^2}{2m}\right) - \hbar\chi_1 q a_1^+ a_1 - \hbar\chi_2 q a_2^+ a_2 \end{aligned} \tag{7.4}$$

其中，$\delta_1' = \omega_a - \omega_b - \omega_1 = \omega_{ab} - \omega_1$，$\delta_2' = \omega_b - \omega_c - \omega_2 = \omega_{bc} - \omega_2$，$\delta_1 = \omega_a - \omega_b - \omega_{l1} = \omega_{ab} - \omega_{l1}$，$\delta_2 = \omega_b - \omega_c - \omega_{l2} = \omega_{bc} - \omega_{l2}$。利用海森堡运动方程并加入相应的阻尼和噪声项，推导量子系统的动力学演化为

$$\left.\begin{array}{l} \dfrac{\mathrm{d}}{\mathrm{d}t}q = p/\omega_{m1} \\[2mm] \dfrac{\mathrm{d}}{\mathrm{d}t}p = \hbar\chi_1 a_1^+ a_1 + \hbar\chi_2 a_2^+ a_2 - m\omega_m^2 q - \gamma_m p + \xi \\[2mm] \dfrac{\mathrm{d}}{\mathrm{d}t}a_1 = -\left(\kappa_1 + i\Delta_1\right)a_1 - ig_1\sigma_{ba} + \varepsilon_1 + \sqrt{2\kappa_1}\,a_{1,\,\mathrm{in}} \\[2mm] \dfrac{\mathrm{d}}{\mathrm{d}t}a_2 = -\left(\kappa_2 + i\Delta_2\right)a_2 - ig_2\sigma_{cb} + \varepsilon_2 + \sqrt{2\kappa_2}\,a_{2,\,\mathrm{in}} \\[2mm] \dfrac{\mathrm{d}}{\mathrm{d}t}\sigma_{ba} = \left(\gamma + i\delta_1\right)\sigma_{ba} - ig_1 a_1\left(\sigma_{bb} - \sigma_{aa}\right) + ig_2 a_2^+ \sigma_{ca} \\[2mm] \dfrac{\mathrm{d}}{\mathrm{d}t}\sigma_{cb} = \left(\gamma + i\delta_2\right)\sigma_{cb} - ig_2 a_2\left(\sigma_{cc} - \sigma_{bb}\right) - ig_1 a_1^+ \sigma_{ca} \end{array}\right\} \tag{7.5}$$

其中，$\Delta_j = \delta_j - \Delta_j + \chi_j Q_j$ $(j = 1, 2)$，γ 表示原子的耗散。可移动镜子与热环境耦合过程引入了量子布朗噪声 ξ，其具有平均值为零的特征。另外，在环境温度为 T 时，ξ 满足关系 $\langle \xi(t)\xi(t') \rangle = \frac{\gamma_m}{\omega_m} \int \frac{d\omega}{2\pi} e^{-i\omega(t-t')} \omega \left[1 + \coth\left(\frac{\hbar\omega}{2k_B T} \right) \right]$。

两模腔的漏损率为 κ_1 和 κ_2，真空输入噪声为 $a_{1,\,in}$ 和 $a_{2,\,in}$。两模腔场的噪声满足以下关系：

$$\left\langle a_{j,\,in}^+(t)a_{j,\,in}(t') \right\rangle = N\delta(t - t')$$

$$\left\langle a_{j,\,in}(t)a_{j,\,in}^+(t') \right\rangle = (N+1)\delta(t - t')$$

其中，$N = \left[\exp\left(\frac{\hbar\omega_c}{k_B T} \right) - 1 \right]^{-1}$。由于 $\frac{\hbar\omega_c}{k_B T} \gg 1$（一个典型的光学机械腔与光学频率 $\omega_{lj}/2\pi \sim 10^{14}$ Hz 和温度为 $T \sim 300$ K 的热浴），忽略了两个空腔的热光子的平均数，即考虑了 $N = 0$。

为了得到方程的稳态解，运用线性近似，即计算方程（7.3）的最后两项时只考虑 $g_i (i = 1, 2)$ 的一阶项。对于 $\sigma_{ii'}$ 乘 $a(a^+)$ 的项，用 $\langle \sigma_{ii'} \rangle$ 替代 $\sigma_{ii'}$。假定初态为 $\rho_a = \rho_{aa}^0 |a\rangle\langle a| + \rho_{cc}^0 |c\rangle\langle c| + \rho_{ca}^0 (|c\rangle\langle a| + |a\rangle\langle c|)$ 的原子以入射率 r_a 注入两模腔中。方程的最后两项可以写为

$$\left. \begin{aligned} \frac{d}{dt}\sigma_{ba} &= -(\gamma + i\delta_1)\sigma_{ba} + ig_1 r_a \rho_{aa}^0 a_1 + ig_2 r_a \rho_{ca}^0 a_2^+ \\ \frac{d}{dt}\sigma_{cb} &= -(\gamma + i\delta_2)\sigma_{cb} - ig_1 r_a \rho_{ca}^0 a_1^+ - ig_2 r_a \rho_{cc}^0 a_2 \end{aligned} \right\} \tag{7.6}$$

在空腔与可移动镜子之间的非线性关系较弱的情况下，可以将方程线性化处理。也就是说，每个运算符都可以写成 $A = A_s + \delta A (A = q, p, a_1, a_2, \sigma_{ba}, \sigma_{cb})$。然后，确定系统的稳态均值为结合方程（7.3）和方程（7.6），最终得到系统的稳态平均值

$$\left. \begin{aligned} p^s = 0, \quad q^s &= \frac{\hbar\chi_1 |a_1^s|^2 + \hbar\chi_2 |a_2^s|^2}{\omega_m} \\ a_1^s = \frac{s_{2c}^* \varepsilon_1 + \varepsilon_2^* y_1}{y_1 y_2^* + s_{1a} s_{2c}^*}, \quad a_2^s &= \frac{s_{1a}^* \varepsilon_2 - \varepsilon_1^* u_2}{y_2 y_1^* + s_{2c}^* s_{1a}^*} \end{aligned} \right\} \tag{7.7}$$

其中

$$\left.\begin{array}{l} y_l = \dfrac{g_1 g_2 r_a \rho_{ca}^{(0)}}{\gamma + \mathrm{i}\delta_l}, \quad l = 1, \ 2 \\[3mm] s_{1a} = \kappa_1 + \mathrm{i}\Delta_1 - \dfrac{g_1^2 r_a \rho_{aa}^{(0)}}{\gamma + \mathrm{i}\delta_1} \\[3mm] s_{2c} = \kappa_2 + \mathrm{i}\Delta_2 - \dfrac{g_2^2 r_a \rho_{cc}^{(0)}}{\gamma + \mathrm{i}\delta_2} \end{array}\right\} \tag{7.8}$$

在等式（7.7）中，可以看出，机械振荡器的稳定位置 q_s 取决于腔内的稳定光子数 $\left|a_j^s\right|^2$。因此，光子数的增加会导致振荡器偏离其平衡位置。在稳态条件下，腔场内的光子数线性依赖经典激光器驱动功率，即 $\left|a_j^s\right|^2 = \dfrac{\left|\varepsilon_j\right|^2}{\kappa_j^2 + \Delta_j^2}$。因此，强驱动激光器可以增强可移动镜子上的辐射压力。如果注入的原子在它们的能级（$\rho_{ca}^0 = 0$）之间没有相干性，则 y_1 和 y_2 变为零。腔体的稳态为 a_1^s（a_2^s），仅与能级 $|a\rangle$（$|c\rangle$）有关。然而，在 $\rho_{ca}^0 \neq 0$ 的情况下，在能级 $|a\rangle$ 和 $|c\rangle$ 之间存在着原子的相干性。此时，a_1^s（a_2^s）都依赖相干值 ρ_{ca}^0。因此，两模腔 a_1 和 a_2 将通过 ρ_{ca}^0 相关联。

7.3 机械振子算符涨落谱和有效温度

线性化方程（7.5）和方程（7.6），可以得到一组关于量子涨落算符的线性量子朗之万方程

$$\left.\begin{array}{l} \dfrac{\mathrm{d}}{\mathrm{d}t}\delta q = \dfrac{\delta p}{\omega_m} \\[3mm] \dfrac{\mathrm{d}}{\mathrm{d}t}\delta p = -\hbar\chi_1 a_1^* \delta a_1 - \hbar\chi_2 a_2^* \delta a_2 - m\omega_m^2 \delta q - \gamma_m \delta p + \xi \\[3mm] \dfrac{\mathrm{d}}{\mathrm{d}t}\delta a_1 = -\left(\kappa_1 + \mathrm{i}\Delta_1\right)\delta a_1 - \mathrm{i}g_1 \sigma_{ba} + \sqrt{2\kappa_1}\,a_{1,\,\mathrm{in}} \\[3mm] \dfrac{\mathrm{d}}{\mathrm{d}t}\delta a_2 = -\left(\kappa_2 + \mathrm{i}\Delta_2\right)\delta a_2 - \mathrm{i}g_2 \sigma_{bc} + \sqrt{2\kappa_2}\,a_{2,\,\mathrm{in}} \\[3mm] \dfrac{\mathrm{d}}{\mathrm{d}t}\sigma_{ba} = -\left(\gamma + \mathrm{i}\delta_1\right)\sigma_{ba} + \mathrm{i}g_1 r_a \rho_{aa}^0 \delta a_1 + \mathrm{i}g_2 \delta a_2^+ r_a \rho_{ca}^0 \\[3mm] \dfrac{\mathrm{d}}{\mathrm{d}t}\sigma_{cb} = -\left(\gamma + \mathrm{i}\delta_2\right)\sigma_{cb} - \mathrm{i}g_1 r_a \rho_{ca}^0 \delta a_1^+ - \mathrm{i}g_2 \delta a_2 r_a \rho_{cc}^0 \end{array}\right\} \tag{7.9}$$

考虑式（7.9）的解决方案。因此，在频域内，执行傅里叶变换 $f(\omega) = 1/\sqrt{2\pi}\int_{-\infty}^{\infty}\mathrm{e}^{i\omega t}f(t)\mathrm{d}t$。通过求解，可得到机械振动器的位置

$$\delta q(\omega) = \frac{1}{\mathrm{d}(\omega)}\big[C_1(\omega)a_{1,\,\mathrm{in}}(\omega) + C_1(-\omega)a_{1,\,\mathrm{in}}^+(-\omega) +$$

$$C_2(\omega)a_{2,\,\mathrm{in}}(\omega) + C_2(-\omega)a_{2,\,\mathrm{in}}^+(-\omega)\big] \tag{7.10}$$

其中

$$\left.\begin{aligned}
\mathrm{d}(\omega) &= \left(m\omega_m^2 - \mathrm{i}\omega\gamma_m m - m\omega^2\right) - \frac{\hbar\chi_1 a_{1s}N_1^*}{M^*} - \frac{\hbar\chi_1 a_{1s}^* N_1}{M} - \\
&\quad \frac{\hbar\chi_2 a_{1s}N_2^*}{M} - \frac{\hbar\chi_2 a_{1s}^* N_2}{M^*} \\
C_1(\omega) &= \hbar\chi_1 a_{1s}^* \frac{\sqrt{2\kappa_1}(\gamma + \mathrm{i}\delta_1 - \mathrm{i}\omega)A_2^*}{M} - \hbar\chi_2 a_{2s} \frac{\sqrt{2\kappa_1}(\gamma + \mathrm{i}\delta_1 - \mathrm{i}\omega)g_1 g_2 r_a\rho_{ca}^0}{M} \\
C_2(\omega) &= \hbar\chi_2 a_{2s}^* \frac{\sqrt{2\kappa_1}(\gamma + \mathrm{i}\delta_1 - \mathrm{i}\omega)A_2^*}{M^*} - \hbar\chi_1 a_{1s} \frac{\sqrt{2\kappa_2}(\gamma + \mathrm{i}\delta_2 - \mathrm{i}\omega)g_1 g_2 r_a\rho_{ca}^0}{M^*}
\end{aligned}\right\} \tag{7.11}$$

以及

$$\left.\begin{aligned}
M &= A_1 A_2^* + \left(g_1 g_2 r_a\rho_{cc}^0\right)^2 \\
A_1 &= \left(\kappa_1 + \mathrm{i}\Delta_1 - \mathrm{i}\omega\right)\left(\gamma + \mathrm{i}\delta_1 - \mathrm{i}\omega\right) - g_1^2 r_a\rho_{aa}^0 \\
A_2 &= \left(\kappa_2 + \mathrm{i}\Delta_2 - \mathrm{i}\omega\right)\left(\gamma + \mathrm{i}\delta_2 - \mathrm{i}\omega\right) - g_2^2 r_a\rho_{cc}^0 \\
N_1 &= \mathrm{i}(\gamma + \mathrm{i}\delta_1 - \mathrm{i}\omega)A_2^*\chi_1 a_{1s} - \mathrm{i}\chi_2 a_{2s}^*(\gamma - \mathrm{i}\delta_1 - \mathrm{i}\omega)\left(g_1 g_2 r_a\rho_{ca}^0\right) \\
N_2 &= \mathrm{i}(\gamma + \mathrm{i}\delta_2 - \mathrm{i}\omega)A_1^*\chi_2 a_{2s} - \mathrm{i}\chi_1 a_{1s}^*(\gamma - \mathrm{i}\delta_1 - \mathrm{i}\omega)\left(g_1 g_2 r_a\rho_{ca}^0\right)
\end{aligned}\right\} \tag{7.12}$$

在式（7.10）中，第一项源于非零温环境下机械振荡器与环境热浴耦合引起的热噪声，而与 C_1 和 C_2 有关的其他项是由辐射压力的变化引起的，这是因为 C_1 和 C_2 都线性地依赖耦合常数 χ_1 和 χ_2。

机械振动器的涨落谱可由下式给出

$$S_q(\omega) = \frac{1}{4\pi}\int\mathrm{d}\Omega\mathrm{e}^{-\mathrm{i}(\omega+\Omega)t}\langle\delta q(\omega)\delta q(\Omega) + \delta q(\Omega)\delta q(\omega)\rangle \tag{7.13}$$

根据式（7.10）和式（7.13），机械振动器的涨落谱为

$$\left.\begin{aligned}
S_q(\omega) &= \frac{1}{\mathrm{d}(\omega)(-\omega)}\left[\hbar m\omega\gamma_m\coth\left(\frac{\hbar\omega}{2k_B T}\right) + \left|C_1(\omega)\right|^2 + \left|C_2(\omega)\right|^2\right] \\
S_p(\omega) &= m^2\omega^2 S_q(\omega)
\end{aligned}\right\} \tag{7.14}$$

在推导式（7.14）的过程中，利用了频域噪声源的相关函数，它们的平均值为零，满足关系 $\langle \delta a_{1,\,\text{in}}(\omega)a^+_{1,\,\text{in}}(\Omega)\rangle = 2\pi\delta(\omega+\Omega)$，$\langle \delta a_{2,\,\text{in}}(\omega)a^+_{2,\,\text{in}}(\Omega)\rangle = 2\pi\delta(\omega+\Omega)$ 和 $\langle \xi(\omega)\xi(\Omega)\rangle = 2\pi\hbar\gamma_m m\omega\left[1+\coth\left(\dfrac{\hbar\omega}{2k_BT}\right)\right]\delta(\omega+\Omega)$。对于环境热浴的温度 $k_BT \gg \hbar\omega$，近似可应用于本节中 $\coth[\hbar\omega/2k_BT] \approx 2k_BT/(\hbar\omega)$。

当系统处于热平衡时，利用平衡定理可以确定有效温度 $\dfrac{1}{2}m\omega_m^2\langle q^2\rangle = \dfrac{\langle p^2\rangle}{2m} = \dfrac{1}{2}k_BT_{\text{eff}}$。本节考虑的腔场由经典激光驱动并与三能级原子耦合，因此，系统的稳态不再有能量均分，也就是说，$\dfrac{1}{2}m\omega_m^2\langle q^2\rangle \neq \dfrac{\langle p^2\rangle}{2m}$。在这种情况下，根据机械振荡器的总能量，有效温度可以表达为

$$k_BT_{\text{eff}} = \frac{1}{2}m\omega_m^2\langle q^2\rangle + \frac{\langle p^2\rangle}{2m} \tag{7.15}$$

其中

$$\left.\begin{array}{l}\langle q^2\rangle = \dfrac{1}{2\pi}\displaystyle\int_{-\infty}^{\infty}S_q(\omega)\mathrm{d}\omega \\[2mm] \langle p^2\rangle = \dfrac{1}{2\pi}\displaystyle\int_{-\infty}^{\infty}S_p(\omega)\mathrm{d}\omega\end{array}\right\} \tag{7.16}$$

7.4 冷却机械振荡器至基态的分析

在推导机械振荡器的有效温度后，接下来用数值方法研究它与有效失谐之间的变化。对于光学机械系统，考虑与参考文献［115］中使用的参数相同的参数值：激光器的波长 $\lambda = 1064\ \text{nm}$，总腔长度 $L = 25\ \text{mm}$，振荡器质量 $m = 15\ \text{ng}$，机械振荡器的频率 $\omega_m = 2\pi\times275\ \text{kHz}$，机械因子 $Q = \dfrac{\omega_m}{\gamma_m} = 21000$，热浴温度 $T = 300\ \text{K}$。为简单起见，笔者认为两腔是相同的，如衰减率 $\kappa_1 = \kappa_2 = 2\pi\times10^8\ \text{Hz}$，耦合激光器的功率 $p_1 = p_2 = 4\ \text{mW}$，经典驱动激光 $\omega_{l1} = \omega_{l2}$，腔场与原子之间的耦合常数 $g_1 = g_2$ 等均相同。并且，有效的失谐

量 $\Delta_1 = \Delta_2 = \Delta$ 。对于原子的参数，选择原子的衰变率 $\gamma = \omega_m/100$ Hz 和注入速率 $r_a = 10^4$ 。此外，原子在反斯托克斯边带发生共振（ $\delta_1 = \delta_2 = \omega_m$ ）。其中，潜在的机制是分别由原子能级间跃迁 $|a\rangle \leftrightarrow |b\rangle (|b\rangle \leftrightarrow |c\rangle)$ 和腔模 a_1 （ a_2 ）发射的两个光子，在可移动腔镜上产生的光子在频率 ω_m 处共振。

本节开始研究原子的存在如何影响机械振荡器的冷却。如果原子不存在（ $g_1 = g_2 = 0$ ），机械振荡器的有效温度 T_{eff} 相对于失谐量 Δ 的变化如图 7.2 所示。当失谐量 $\Delta = 4.5 \times 10^7$ Hz 时，有效温度所达到的最低温度约为 10 K。

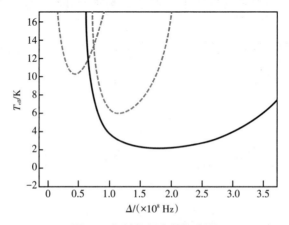

图7.2　机械振子有效温度图

注：① $g_1 = g_2 = 0$ （点虚线）。② $g_1 = g_2 = 0.5 \times 2\pi \times 10^5$ Hz， $\rho_{aa}^0 = \rho_{bb}^0 = \rho_{cc}^0 = 0.5$ （实线）。③ $g_1 = g_2 = 0.5 \times 2\pi \times 10^5$ Hz， $\rho_{aa}^0 = 0.2, \rho_{cc}^0 = 0.8$ ， $\rho_{ca}^0 = 0.4$ （虚线）。其他参数在文中给出。

笔者认为，初始状态为 $|\psi_a(0)\rangle = \dfrac{1}{\sqrt{2}}(|a\rangle + |c\rangle)$ 的三能级原子被插入腔中，这是能级 $|a\rangle$ 和 $|c\rangle$ 之间的最佳相干性，对应的值为 $\rho_{aa}^0 = \rho_{bb}^0 = \rho_{cc}^0 = 0.5$ 。在这种情况下，绘制了有效温度 T_{eff} 与失谐量 Δ 。当 $\Delta = 1.8 \times 10^7$ Hz 时，最低温度可达到 2 K。因此，三能级的存在可以导致最低温度为没有原子的情况下的 1/5。

笔者还研究了初始原子态对机械振荡器有效温度的影响。如式（7.7）所示，腔的稳态平均值 a_1^s 和 a_2^s 取决于原子的相干性。腔的平均光子数较大，导致辐射压力增强。毫无疑问，初始原子相干性也影响机械振荡器的

有效温度。对于原子的不同初始态，机械振荡器的有效温度作为失谐量的函数如图7.2所示。对于输入的原子态 $\rho_a^0 = \frac{1}{5}|a\rangle\langle a| + \frac{2}{5}(|a\rangle\langle c| + |c\rangle\langle a|) + \frac{5}{5}|c\rangle\langle c|$，其最小值小于没有原子的情况。然而，当注入原子的初始状态处于最佳相干性时，冷却的效果并不好。正如前面所讨论的，ρ_{aa}^0（ρ_{cc}^0）和相干值 ρ_{ca}^0 与腔场的稳定值 a_1^s（a_2^s）有关，从而产生了运动镜上的不同辐射压力。因此，原子初始态 $|a\rangle$ 和 $|c\rangle$ 的不同可使机械振荡器的稳态 p_s（q_s）的平均值不同。这一现象背后的物理意义是，不同的初始状态导致不同的辐射压力。该结果将显著影响有效的温度降低。

7.5　本章小结

本章研究了包含三能级原子的腔光机械系统，并证明了机械振荡器有效温度的降低。结果揭示了一个事实，即在空腔中加入原子介质可以将机械振荡器冷却到远低于没有原子时的温度。不同的初始原子态会改变两模腔的光子数，从而导致机械振荡器上的辐射压力发生变化；而机械振荡器的冷却则是由辐射压力的变化引起的结果。因此，初始原子态在机械振荡器的冷却过程中起着重要的作用。当注入原子的初始状态处于最佳相干性时，所达到的最低冷却温度是最低的。在两模腔光机械系统中，使用原子可以提供一种将镜像冷却到量子基态的方法。本章中机械振荡器基态冷却的实现，使量子信息的处理（纠缠态[146-147]）和应用（光子–声子转换[148]、量子信息传输[149]、量子通信[150]）成为可能。

8 | 二次光力耦合与参量放大器对本征模劈裂的影响

本章基于腔光力系统中腔模和机械模之间具有线性和二次色散耦合的相互作用，研究了二次光力耦合与参量放大器对本征模劈裂的重要影响。通过分析腔场涨落项的输出谱和机械振子位移的涨落谱，得到腔场和机械场均具有本征模劈裂的效应。研究发现，光学参量放大器非线性增益值的大小及二次光力耦合强度均正比于劈裂谱两峰之间的距离，即二者对本征模劈裂效应具有相似的调控作用。本章同时论证了文献［151］的结论：具有线性和二次光力耦合的系统可以是混合光学参量光力系统的一个替代平台。

8.1 研究背景

腔光力系统近年来发展迅猛，在精密测量、量子传感及非经典态的制备等方面已展现出重要的应用价值。该系统是一种由广义光学谐振腔与广义机械振子构成的系统，由于光压相互作用，能够实现光学和机械模式间的有效耦合。这种相互耦合作用可认为是色散的光力耦合，也就是光子与声子之间的相互作用。其中，机械振荡器的线性位移（位移的一阶形式）与腔频率耦合，称为线性光力耦合；腔场和机械场之间的耦合关系正比于机械振子位移的平方项，称为二次光力耦合。同时具有线性和二次光力耦合的量子效应已在多种系统中实现，如氮化硅薄膜光力系统[152]、纳米悬浮球光力系统[153]、微机械谐振器[154]和悬浮纳米粒子[155]。在这类具有两种光力耦合形式的系统中，二次耦合的存在可使系统在强耦合区域的稳定值和稳定区域极为丰富，并且二次耦合率的奇偶性和强度可为控制光力相互作用提供良好条件。因此，该系统能够带来更为广泛的量子现象及量子技术应用。例如，可以用于芯片上的信号处理和传感，可以产生腔场中自维持振荡的谐波[156]，可以实现机械振子静态位移的调控[157]，还可以实现光场压缩态[158]与机械场压缩态[159]。Gu 等人设计了一个具有线性和二次耦合的两模腔光力系统，通过不同的机理使得腔场与机械场压缩态能够同时产生[160]。陕西师范大学张林等人的研究结果表明，光力二次耦合率的变化将会明显地改变机械振子的静态位移响应及能量平衡结构[161]。Sainadh 等人通过研究具有两种耦合形式光力系统中光学模式的压缩效应，表明该系统在不引入额外自由度的条件下，依靠自身系统特性，在驱动光场的作用下便可实现光学模式的压缩[162]。

腔光力系统中存在一个特别的量子相干效应，即本征模劈裂。该效应是由于在光子和声子之间强相互作用过程中，它们之间的能量交换在时间尺度上比它们各自的退相干率更快所产生的。Dobrindt 等人首先提出使用光机械振荡器在分辨边带区域中进行研究本征模劈裂产生的可能性[163]。人们一直在努力产生越来越强的光力耦合，以产生越来越大的分裂。如在腔内放置一个 I 型光参量放大器（optical parametric amplifier，OPA），以增加可移动镜子与腔场之间的耦合，从而使机械振子与输出场的本征模劈裂更容易被观察到[106]。此外，严晓波等人在含有光学参量放大器的光力学腔中研究了关于弱探测光的光力诱导透明与本征模劈裂的性质[164]。线性和二次光力色散耦合系统中本征模劈裂的量子效应也得到了验证与讨论[151]。在此工作中，作者表明，二次光力耦合的正负及其奇偶性可成为本征模劈裂的增强与减弱的关键调控因素，并指出，具有线性和二次光力耦合的系统可以是混合光学参量放大器或克尔介质光力系统的一个替代平台。那么，在具有线性和二次光力色散耦合系统中放置 OPA 的情况下，是否会得到更强的光力耦合效应呢？是否会有更强的本征模劈裂现象产生呢？本章将针对以上问题进行讨论与分析。

8.2 模型介绍及理论计算

本章考虑的模型是一个带有 OPA 的法布里–帕罗腔光力学系统，如图

8.1 所示。频率为 ω_l 的经典激光入射到光力腔中。

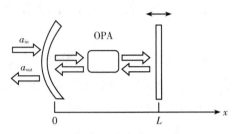

图8.1 系统模型示意图

在旋转框架下，系统的哈密顿量表示为

$$H = \hbar\Delta a^+ a + \frac{\hbar\omega_m}{2}(x^2 + p^2) + \hbar g_1 x a^+ a + \hbar g_2 x^2 a^+ a +$$
$$i\hbar\varepsilon(a^+ - a) + i\hbar G(a^{+2}e^{i\theta} - a^2 e^{-i\theta}) \tag{8.1}$$

式（8.1）中第一项为腔模自由哈密顿量，$\Delta = \omega_0 - \omega_l$ 为腔模与驱动光场之间的失谐，其中 ω_0 是腔场的频率，$a(a^+)$ 是腔模的湮灭（产生）算符。第二项为机械模自由哈密顿量，其中 x 和 p 分别是机械振子的无量纲的位移和动量算符。第三项和第四项为腔模与机械模之间的相互作用，g_1 和 g_2 分别是线性和二次耦合系数。第五项描述的是输入驱动光场和腔场的耦合，$\varepsilon = \sqrt{\dfrac{2\kappa p}{\omega_l}}$ 是经典驱动场的振幅，其中 p 是其功率，κ 是腔模的漏损率。最后一项是光学参量放大器驱动腔场的作用量，θ 是该驱动光的相位，G 为光学参量放大器的非线性增益。

由式（8.1），可以得出系统算符的海森堡–朗之万运动方程：

$$\left.\begin{array}{l}
\dfrac{\mathrm{d}}{\mathrm{d}t}x = \omega_m p \\[2mm]
\dfrac{\mathrm{d}}{\mathrm{d}t}p = -\omega_m x - g_1 a^+ a - 2g_2 a^+ a x - \gamma_m p + \xi(t) \\[2mm]
\dfrac{\mathrm{d}}{\mathrm{d}t}a = -[\kappa + i\Delta]a - ig_1 a x - ig_2 a x^2 + \varepsilon + 2Ge^{i\theta}a^+ + \sqrt{2\kappa}\,a_{\mathrm{in}}
\end{array}\right\} \tag{8.2}$$

其中，γ_m 表示机械振子的耗散，$\xi(t)$ 是机械振子与热环境耦合过程引入的量子布朗噪声，$a_{in}(t)$ 为真空输入噪声。$\xi(t)$ 和 $a_{in}(t)$ 均具有零均值的特征。

为了计算方程（8.2），进一步给出算符 x^2，p^2，$xp+px$ 的行为方程：

$$\left.\begin{aligned}
\frac{\mathrm{d}}{\mathrm{d}t}(x^2) &= \omega_m(px+xp) \\
\frac{\mathrm{d}}{\mathrm{d}t}(p^2) &= -(\omega_m+2g_2a^+a)(xp+px)-2g_1a^+ap- \\
&\quad 2\gamma_m p^2+2\gamma_m(1+2n_m) \\
\frac{\mathrm{d}}{\mathrm{d}t}(px+xp) &= -2(\omega_m+2g_2a^+a)x^2-2g_1a^+ax+ \\
&\quad 2\omega_m p^2-\gamma_m(px+xp)
\end{aligned}\right\} \tag{8.3}$$

其中，$n_m=\left(\mathrm{e}^{\frac{\hbar\omega_m}{k_BT}}-1\right)^{-1}$ 为平均声子数，k_B 为玻尔兹曼常量，T 为系统所处环境温度。

对于这个非线性系统的量子动力学，围绕半经典平均值对式（8.2）和式（8.3）进行线性化处理。也就是说，把系统中每个算符写为其稳态平均值与涨落之和，即 $h=h_s+\delta h$（$h=x$，p，a，x^2，p^2 和 $xp+px$）。由此，可得出系统稳态值

$$\left.\begin{aligned}
a_s &= \frac{\varepsilon\left[(\kappa-\mathrm{i}\tilde{\Delta})+2G\mathrm{e}^{\mathrm{i}\theta}\right]}{(\kappa+\mathrm{i}\tilde{\Delta})(\kappa-\mathrm{i}\tilde{\Delta})-4G^2} \\
x_s &= \frac{-g_1|a_s|^2}{\tilde{\omega}_m} \\
p_s &= (xp+px)_s = 0 \\
(x^2)_s &= \frac{g_1^2|a_s|^4}{\tilde{\omega}_m^2}+\frac{(1+2n_{th})\omega_m}{\tilde{\omega}_m}
\end{aligned}\right\} \tag{8.4}$$

其中，$\tilde{\Delta}=\Delta+g_1x_s+2g_2x_s^2$ 表示腔场与驱动场的有效失谐量，该失谐量的频移是由机械运动引起的。$\tilde{\omega}_m=\omega_m+2g_2|a_s|^2$ 表示机械振子的有效振动频率。

量子系统中的参量值需满足稳态条件，因而根据劳斯-霍尔维茨准则判据[165]，给出系统稳定的充分必要条件：

$$
\left.\begin{aligned}
& s_0 \equiv 2\kappa + \gamma_m \\
& s_1 \equiv \kappa^2 - 4G^2 + \tilde{\Delta}^2 + 2\kappa\gamma_m + \tilde{\omega}_m\omega_m > 0 \\
& s_2 \equiv \gamma_m\left(\kappa^2 - 4G^2 + \tilde{\Delta}^2\right) + 2\kappa\omega_m^2 > 0 \\
& s_3 \equiv \left(\kappa^2 - 4G^2 + \tilde{\Delta}^2\right)\tilde{\omega}_m\omega_m - \\
& \qquad 2\omega_m G^2\left[\tilde{\Delta}\left|a_s\right|^2 + iG\left(a_s^2 e^{-i\theta} - a_s^{*2} e^{i\theta}\right)\right] \\
& s_0 s_1 > s_2 \\
& s_0 s_1 s_2 > s_2^2 + s_0^2 s_3
\end{aligned}\right\} \tag{8.5}
$$

根据方程（8.2）和方程（8.3），可以得到一组涨落算符的朗之万方程：

$$
\left.\begin{aligned}
& \frac{\mathrm{d}}{\mathrm{d}t}\delta x = \omega_m \delta p \\
& \frac{\mathrm{d}}{\mathrm{d}t}\delta p = -\omega_m x - g_1\left(a_s\delta a^+ + a_s^*\delta a\right) - 2g_2 x_s\left(a_s\delta a^+ + a_s^*\delta a\right) - \\
& \qquad 2g_2\left|a_s\right|^2\delta x - \gamma_m\delta p + \xi(t) \\
& \frac{\mathrm{d}}{\mathrm{d}t}\delta a = -\left[\kappa + i\Delta + g_1 x_s + g_2 x_s^2\right]\delta a - i\left(g_1 a_s + 2g_2 a_s x_s\right)\delta x + \\
& \qquad 2Ge^{i\theta}\delta a^+ + \sqrt{2\kappa}\,\delta a_{\text{in}}
\end{aligned}\right\} \tag{8.6}
$$

其中，值得指出的是，忽略非线性小量，如 δh，$\delta h'$（h，$h' = x$，p，a，x^2，p^2 和 $xp + px$）。另外，量子噪声 a_{in} 和 ξ 同样也做线性化处理。

8.3 腔场涨落项的输出谱与机械振子位移谱的计算

通过对方程（8.6）做傅里叶变换，可以得到频域下的稳态解

$$
\left.\begin{aligned}
& \delta a(\omega) = \frac{R_a(\omega)\delta a_{\text{in}}(\omega) + R_{a^+}(\omega)\delta a_{\text{in}}^+(\omega) + R_\xi(\omega)\xi(\omega)}{D(\omega)} \\
& \delta x(\omega) = \frac{H_a(\omega)\delta a_{\text{in}}(\omega) + H_{a^+}(\omega)\delta a_{\text{in}}^+(\omega) + H_\xi(\omega)\xi(\omega)}{D(\omega)}
\end{aligned}\right\} \tag{8.7}
$$

其中

$$R_a(\omega) = \sqrt{2\kappa}\Big[\big(\kappa - \mathrm{i}\Delta - \mathrm{i}\omega\big)\big(\omega_m\tilde{\omega}_m - \mathrm{i}\omega\gamma_m - \omega^2\big) + \mathrm{i}\tilde{G}^2|a_s|^2\omega_m\Big]$$

$$R_{a^*}(\omega) = \sqrt{2\kappa}\Big[2Ge^{\mathrm{i}\theta}\big(\omega_m\tilde{\omega}_m - \mathrm{i}\omega\gamma_m - \omega^2\big) + \mathrm{i}\tilde{G}^2 a_s^2\omega_m\Big]$$

$$R_\xi(\omega) = -\mathrm{i}\tilde{G}\omega_m\Big[a_s\big(\kappa - \mathrm{i}\Delta - \mathrm{i}\omega\big) - 2a_s^*Ge^{\mathrm{i}\theta}\Big]$$

$$D(\omega) = \big(\omega_m\tilde{\omega}_m - \mathrm{i}\omega\gamma_m - \omega^2\big)\Big[\big(\kappa - \mathrm{i}\omega\big)^2 + \Delta^2 - 4G^2\Big] +$$

$$2\tilde{G}^2\omega_m\Big[-\Delta|a_s|^2 + \mathrm{i}G\big(e^{-\mathrm{i}\theta}a_s^2 - e^{\mathrm{i}\theta}a_s^{*2}\big)\Big]$$

和

$$H_a(\omega) = -\sqrt{2\kappa}\,\tilde{G}\omega_m\Big[2a_s Ge^{-\mathrm{i}\theta} + a_s^*\big(\kappa - \mathrm{i}\Delta - \mathrm{i}\omega\big)\Big]$$

$$H_{a^*}(\omega) = -\sqrt{2\kappa}\,\tilde{G}\omega_m\Big[2a_s^* Ge^{\mathrm{i}\theta} + a_s\big(\kappa + \mathrm{i}\Delta - \mathrm{i}\omega\big)\Big]$$

$$H_\xi(\omega) = \omega_m\Big[\big(\kappa - \mathrm{i}\omega\big)^2 + \Delta^2 - 4G^2\Big]$$

另外，$\tilde{G} = g_1 + 2g_2 x_s$ 代表机械振子与腔之间的有效耦合。

根据输入输出关系 $\delta a_{\text{out}}(\omega) = \sqrt{2\kappa}\,\delta a(\omega) - \delta a_{\text{in}}(\omega)$，进而腔场涨落项的输出谱可表达为

$$S_{\text{out}}(\omega) = \frac{1}{2\pi}\int_{-\infty}^{\infty}\big\langle\delta a_{\text{out}}^+(\omega')\delta a_{\text{out}}(\omega)\big\rangle e^{-\mathrm{i}(\omega+\omega')t}\mathrm{d}\omega' \tag{8.8}$$

为了计算谱的函数，需要利用频域下的相关函数

$$\left.\begin{aligned}
&\big\langle a_{\text{in}}(\omega)a_{\text{in}}^+(\omega')\big\rangle = 2\pi\delta(\omega+\omega')\\
&\big\langle a_{\text{in}}(\omega)a_{\text{in}}(\omega')\big\rangle = \big\langle a_{\text{in}}^+(\omega)a_{\text{in}}(\omega')\big\rangle = 0\\
&\big\langle\xi(\omega)\xi(\omega')\big\rangle = 2\pi\frac{\omega\gamma_m}{\omega_m}\Big[\coth\Big(\frac{\hbar\omega}{2k_BT}\Big)+1\Big]\delta(\omega+\omega')
\end{aligned}\right\} \tag{8.9}$$

根据以上关系式，输出谱可具体写为

$$S_{\text{out}}(\omega) = \frac{2\kappa}{|D(\omega)|^2}\left\{\frac{\omega\gamma_m}{\omega_m}\Big[\coth\Big(\frac{\hbar\omega}{2k_BT}+1\Big)\Big]|R_\xi(\omega)|^2 + |R_{a^+}(\omega)|^2\right\} \tag{8.10}$$

其中，第一项来自机械振荡器的热噪声，第二项来自腔输入真空噪声。

机械振子位移谱为

$$S_{xx}(\omega) = \frac{1}{\left|D(\omega)\right|^2}\left\{\left[H_a(\omega)H_{a^*}(-\omega) + H_a(-\omega)H_{a^*}(\omega)\right] + \right.$$

$$\left. \omega\omega_m\gamma_m\coth\left(\frac{\hbar\omega}{k_BT}\right)H_\xi(\omega)H_\xi(-\omega)\right\}$$

(8.11)

同理，利用相关函数（8.9），位移谱具体可以表示为

$$S_{xx}(\omega) = \frac{1}{\left|D(\omega)\right|^2}\left\{\omega\omega_m\gamma_m\coth\left(\frac{\hbar\omega}{k_BT}\right)\left[(\Delta^2 + \kappa^2 - \omega^2 - 4G^2)^2 + 4\kappa^2\omega^2\right] + \right.$$

$$\left. 2\kappa\tilde{G}^2\omega_m^2\left[\left|a_s\right|^2(\Delta^2 + \kappa^2 + \omega^2 + 4G^2) + 2a_s^2Ge^{-i\theta}(\kappa + i\Delta) + 2a_s^{*2}Ge^{i\theta}(\kappa - i\Delta)\right]\right\}$$

(8.12)

8.4　数值结果与分析

　　一般而言，在腔内循环的光与机械振子之间的强相互作用可表现出本征模劈裂效应。该量子效应的产生是由于在光子与声子的相互作用过程中，它们之间的能量交换在时间尺度上比它们各自的退相干率更快。接下来，通过腔场涨落项的输出谱 $S_{out}(\omega)$ 和机械振子的位移涨落谱 $S_{xx}(\omega)$，具体分析光学参量放大器及二次光力耦合对本征模劈裂的影响。

　　本节的讨论基于有效失谐处于力学红失谐的条件（$\tilde{\Delta} \approx \omega_m$），参数的取值依据当前实验数据[32]，耦合场的波长为 $\lambda_c = \frac{2\pi c}{\omega_c} = 1064$ nm，腔漏损率 $\kappa = 2\pi \times 215 \times 10^3$ Hz，机械振子的质量 $m = 145$ ng。考虑系统在解析边带机制下（$\omega_m > \kappa$），机械振子的振动频率为 $\omega_m = 2\pi \times 947 \times 10^3$ Hz，机械振子的质量因子 $Q = \frac{\omega_m}{\gamma_m} = 6700$。机械振子与光场之间的线性耦合 $g_1 = 2\pi \times 3.95$ Hz，二次光力耦合的大小以比值 g_2/g_1 来衡量。环境温度 $T = 1$ mK，光学参量放大器的驱动场相位 $\theta = 0$。

　　根据式（8.10）的计算结果，图8.2和8.3给出了输出谱 $S_{out}(\omega)$ 随 ω/ω_m 的变化曲线，其中驱动光功率 $P = 4.9$ mW。首先，图8.2给出的是OPA不存在时的腔场涨落项的输出谱，其中多条曲线对应于不同的二次光力耦合。

从图8.2可以看出，当 $g_2 = 0$ 时，输出谱没有明显分裂特征。但考虑到腔模与机械模之间二次耦合时，光谱分裂为两个边带峰值，也就是说，光学腔本征模产生了劈裂的现象。腔内光子所产生的辐射压力作用在振子上，从而导致振子在其平衡位置的振动。这种强相互作用在腔光力系统中进一步产生了简正模式的分裂，此类分裂不依赖于腔中的材料类型。此外，从图8.2可以发现随着二次光力耦合的增强，两个峰的线宽也随之增加，其原因是二次光力耦合的加强使腔内光子数得以增加，如图8.4（a）所示（其中非线性增益 $G = 0$ 且 $\Delta \approx \omega_m$）。这一结果将进一步使机械振子与腔场之间产生更强的耦合，同时增强了本征模劈裂效应。

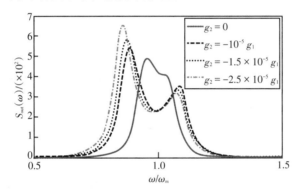

图8.2 在不同二次的光力耦合条件下，输出谱 $S_{out}(\omega)$ 随 ω/ω_m 的变化曲线

注：其中，$g_2 = 0$（实线），$g_2 = -10^{-5} g_1$（虚线），$g_2 = -1.5 \times 10^{-5} g_1$（点线），$g_2 = -2.5 \times 10^{-5} g_1$（点虚线）。

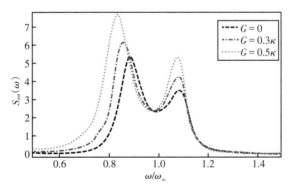

图8.3 在不同非线性增益条件下，腔场输出谱 $S_{out}(\omega)$ 随 ω/ω_m 的变化曲线

注：其中，$G = 0$（虚线），$G = 0.3\kappa$（点虚线），$G = 0.5\kappa$（点线）。

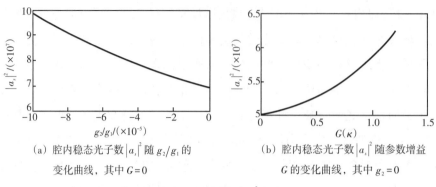

(a) 腔内稳态光子数 $|a_s|^2$ 随 g_2/g_1 的
变化曲线，其中 $G=0$

(b) 腔内稳态光子数 $|a_s|^2$ 随参数增益
G 的变化曲线，其中 $g_2=0$

图8.4　腔内稳态光子数 $|a_s|^2$ 的变化曲线

在引入OPA的情况下，图8.3给出了输出谱 $S_{out}(\omega)$ 在不同光学参量放大器非线性增益 G 的条件下的变化曲线。从图8.3可以看出，随着参数增益 G 从 0 增加到 0.5κ，两个峰之间的分离也从 0.19 增大至 0.24，即在固定的二次光力耦合条件下，输出谱两个峰值的分离性与 G 成正比。这是由于参数 G 的增加将引起腔内光子数的增加，如图8.4（b）所示（其中二次光力耦合 $g_2=0$ 且 $\Delta \approx \omega_m$）。因此，这将进一步导致机械振子与腔场之间耦合的加强。在光力系统中，通过引入参量放大器加强光力耦合作用已多次得到了验证与应用[166-167]。通过比较图8.2和图8.3的结果，综合以上分析可知，二次光力耦合与光学参量放大器的引入均可增强腔场与机械振子之间的有效光力耦合，因而它们对于本征模劈裂所产生的影响也是类似的。Satya Sainadh U等人考虑一个腔光力装置中光学和机械模式具有线性和二次色散耦合相互作用，研究二次光力耦合的奇偶性和强度对本征模劈裂的影响，并得到结论：他们所提出的方案表现出的量子效应等效于包含光学参量放大器（OPA）或克尔介质的混合光力系统[151]。也就是说，利用二次光力耦合与光学参量放大器同样可使光力有效耦合作用得以增强。在本节，通过图8.2和图8.3的腔场输出谱分裂情况的分析也再一次证明了这一观点。因此，具有线性和二次光力耦合的系统被证明也许是混合OPA光力系统的一个替代平台。基于该体系，人们可以在可能更高的环境浴温度下观测到更多有趣的量子效应。

此外，本节还考虑机械模劈裂的特征。在光学参量非线性增益 G 不同的条件下，机械振子的位移涨落谱 $S_{xx}(\omega)$ 作为归一化频率 ω/ω_m 的函数，如图 8.5 所示，其中固定二次光力耦合 $g_2 = -1.5 \times 10^{-4} g_1$，并选择输入激光功率 $P = 3.9 \, \mathrm{mW}$。当增加光学参量非线性增益从 0 到 1.5κ，位移谱均表现出双峰的特征，并且两峰的分离与 G 成正比。该量子效应的发生同样是由于在给定的输入激光功率条件下，随参数增益 G 的增加，增强的光力耦合导致更强的模劈裂效应。这一结论与具有 OPA 线性光力系统中本征模劈裂的特征是相同的[106]。

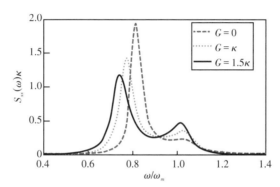

图 8.5 在不同非线性增益 G 条件下，机械模频谱 $S_{xx}(\omega)\kappa$ 随 ω/ω_m 的变化曲线

注：其中，$G = 1.5\kappa$（实线），$G = \kappa$（点线），$G = 0$（虚线）。

另外，文献［151］讨论了机械振子位移涨落谱与二次光力耦合参数的关系，并得出结论，当二次光力耦合为负值时，随着该耦合值的增强，本征模劈裂的效应会更加明显。对比该结论与图 8.5 的结果，本章从机械位移谱的角度再一次验证了二次光力耦合与光学参量非线性增益对本征模劈裂具有相似的调控作用。

8.5 本章小结

本章研究了含有光学参量放大器的色散光力耦合系统，通过分析腔场涨落项的输出谱和机械振子的位移谱，证明二次光力耦合与参量放大器对本征模劈裂的重要影响。尽管二次光力耦合远小于线性光力耦合系数，但其对光力系统中量子效应的影响却是相当显著的。这种非线性的存在可以增加腔内光子，从而提高有效的光力耦合作用，进而促使本征模劈裂的增强。另外，光学参量放大器的引入同样可增强有效光力耦合作用，因而从本征模劈裂效应来分析，得知二次光力耦合与光学参量具有相似的调控作用。也可以说，本章再一次证明了具有线性和二次光力耦合的系统可以是混合光学参量光力系统的一个替代平台。

9 | 原子媒介对多模腔机械系统中超辐射和集体增益效应的调控

本章研究多模光机械系统与二能级原子的耦合。如果驱动泵谱光场与反斯托克斯边带发生共振，则系统处于超辐射状态。当处于斯托克斯边带，可以观察到集体增益效应。本章研究原子介质如何影响这些超辐射和集体增益的方案。结果表明，原子的存在可以增强超辐射行为。对于光学腔模式分裂效应，当原子存在并且处于反斯托克斯边带，光学腔模式分裂成三倍。此外，本章的研究结果还表明，在这个系统中使用原子可以提供一种方法来转换系统的超辐射状态到集体增益。

9.1 研究背景

随着腔光机械系统的最新进展，研究人员发现，当系统同时处于光学和微波状态时，可以将其作为研究在量子水平上的集体行为的新候选对象。光机械系统中的集体效应已经在许多文献中进行了讨论。这些工作关系到量子信息处理[168]、多体物理[169]、两个机械振荡器之间的能量传递[170-171]和相变[172]。在参考文献［172］中，偶极子与光子腔的集体相互作用可以产生光力学效应，通过它可以操纵与单个偶极子相关的微观自由度。对于旋转的强耦合的二维偶极子的情况，系统表现出从各向同性相到二阶相变。文献［171］演示了如何通过由集体效应引起的两个机械振荡器的耦合来实现从一个振荡器到另一个振荡器的能量转移。

光机械系统与原子的结合可以提供具有额外自由度对光的相干操纵[173]。此外，Kipf等人[174]的研究结果表明，在相干泵场的应用下，通过控制泵场的频率失谐，多模光力学系统的响应可以从超辐射状态转换为集体增益状态。因此，面临的问题是：当多模光机械系统与原子耦合时，系统的集体效应会发生什么？本章研究原子与二能级原子系综相结合，如何影响原子的超辐射和集体增益。

9.2 模型和系统的哈密顿量

本章所考虑的系统如图9.1所示，是一个具有 N 个振荡器的单模腔。右图圈内为耦合原子的能级示意图，其中，a 为原子的高能级，b 为原子的低能级。有 N 个原子被注入腔内并与腔场相互作用。混合系统的哈密顿量为 $H = H_1 + H_2$。系统 H_1 在绝热状态下的自由能为

$$H_1 = \hbar\omega_c c^+ c + \sum_{j=1} \hbar\omega_j b_j^+ b_j + \sum_{i=a,b} \hbar\omega_i \sigma_{ii} \tag{9.1}$$

其中，第一项表示具有湮灭（产生）算符 c（c^+）的腔场的能量，腔频率为 ω_c。第二项描述机械振荡器的能量，玻色子湮灭算子为 b，ω_j 表示第 j 个机械振荡器的共振频率。第三项表示二能级原子的能量，ω_a（ω_b）是原子态 $|a\rangle$（$|b\rangle$）的玻尔频率，$\sigma_{ii} = |i\rangle\langle i|$ 是原子运算符。相互作用的哈密顿量如下：

$$H_2 = \sum_{i=1}^{N} \hbar g\left(c\sigma_{ab}^i + c^+ \sigma_{ba}^i\right) + i\hbar\left(a^+ e^{-i\omega_l t} + c e^{i\omega_l t}\right) - \sum_{j=1}^{N}\left[\hbar c^+ c\chi_i\left(b_j^+ + b_j\right)\right] \tag{9.2}$$

其中，第一项表示由频率为 ω_l 的经典激光器驱动空腔场的关系。ε 为驱动激光器的振幅，与 $\varepsilon = \sqrt{\dfrac{2\kappa p}{\hbar\omega_l}}$ 对应的功率 p 有关，其中 κ 为腔场的衰减。第二项是原子与腔场之间的相互作用，其中 $\sigma_{ij} = |i\rangle\langle j|(i, j = a, b)$ 是原子自旋算符。原子与空腔场之间的耦合常数用 g 来描述。最后一项来自振荡器通过辐射压力与腔场的耦合。参数 χ_j 是空腔与第 j 个振荡器之间的耦合常数。在较大的 N 极限下，放置在腔内的原子可以看作一个集体准自旋算符 $a = \dfrac{1}{\sqrt{N}}\sum_{i=1}^{N}\sigma_{ba}^i$。它表现为玻色子，满足玻色子对易关系。对于高精细腔和强驱动功率，腔场算符满足关系 $[a, a^+] = 1$。

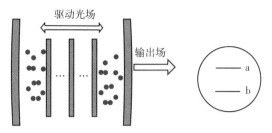

图9.1　系统模型图

对于高精细度的腔场和强驱动功率，腔场算符可以写为 $c \equiv \langle c \rangle + \tilde{c}$。当算符 a 和 c 缓慢变化时，可以将腔场和原子算符转换为激光频率 ω_l 下的旋转坐标系。然后，该系统的总哈密顿值为

$$H = H_1 + H_2$$
$$= \hbar\Delta c^+ c + \hbar\Delta_a a^+ a + \sum_{j=1}^{N} \hbar\omega_j b_j^+ b_j + \hbar G_a\left(a^+ c + ac^+\right) -$$
$$\sum_{j=1}^{N} \left[\hbar\left(G_j c^+ + G_j^* c\right)\left(b_j^+ + b_j\right)\right] \tag{9.3}$$

其中，$G_a = g\sqrt{N}$ 和 $G_j = \chi_j\langle c \rangle$。$\Delta = \omega_c - \omega_l$，$\Delta_a = \omega_{ab} - \omega_l$ 分别是空腔场和原子与驱动场的失谐。为简单起见，重写腔场算子 $c \equiv \tilde{c}$。应该注意的是，为了方便写作，以下 $\tilde{c}$ 均简写为 c。

9.3　超辐射效应

本章考虑解析边带区域 $\omega_m \gg \kappa$，并假设机械谐振器具有相同频率 $\omega_j = \omega_m$。通过选择泵浦频率 ω_l，空腔场可以与反斯托克斯边带或斯托克斯边带共振。

考虑 $\Delta = \omega_m$ 的情况，即腔场与反斯托克斯边带发生共振。在这里，潜在的机制是声子与泵浦场发射的光子结合，产生了一个具有更高频率 $\omega_l + \omega_m$ 的反斯托克斯光子。在反斯托克斯边带条件下，相互作用项 $G_j c^+ b_j^+$ 和 $G_j^* cb_j$ 为非共振，在旋转波近似（RWA）中可以忽略。基于式（9.3），可以得到海森堡–朗之万方程

$$\left. \begin{array}{l} \dfrac{\mathrm{d}}{\mathrm{d}t}c = -(\kappa + \mathrm{i}\Delta)c - \mathrm{i}G_a a + \mathrm{i}\sum_{j}^{N} G_j b_j + \sqrt{2\kappa}\,c_{\mathrm{in}} \\[3mm] \dfrac{\mathrm{d}}{\mathrm{d}t}b_j = -(\Gamma + \mathrm{i}\omega_j)b_j + \mathrm{i}G_j^* c + b_{j,\,\mathrm{in}} \\[3mm] \dfrac{\mathrm{d}}{\mathrm{d}t}a = -(\gamma + \mathrm{i}\Delta_a)a - \mathrm{i}G_a c + \sqrt{2\gamma}\,a_{\mathrm{in}} \end{array} \right\} \tag{9.4}$$

在这里，唯象地引入态跃迁 $|a\rangle \leftrightarrow |b\rangle$ 的衰减率 γ ， Γ 和 κ 来自机械振荡器和腔场的耗散率。在式（9.4）中引入机械场、腔场和原子的量子输入噪声 b_{in} ， c_{in} ， a_{in} 。这些算符满足相关函数 $\langle a_{in}(t)a_{in}^+(t')\rangle = \langle c_{in}(t)c_{in}^+(t')\rangle = \delta(t-t')$ ， $\langle a_{in}^+(t)a_{in}(t')\rangle = \langle c_{in}(t)c_{in}^+(t')\rangle = 0$ ，且 $\langle f(t)\rangle = 0(f = a_{in},\ c_{in})$ 。机械振荡器耦合到热浴，具有以下关系： $\langle b_{j,in}(t)b_{j,in}^+(t')\rangle = \gamma_m(\bar{n}_{m,i}+1)\delta(t-t')$ ， $\langle b_{j,in}^+(t)b_{j,in}(t')\rangle = \gamma_m\bar{n}_{m,i}\delta(t-t')$ 。同时， $\langle b_{j,in}^+(t')b_{k,in}(t)\rangle = 0(j\neq k)$ 。 $\bar{n}_m = \left\{\exp[\hbar\omega_m/(k_BT)]-1\right\}^{-1}$ 是温度 T 下镜浴的热激发数，其中 k_B 是玻尔兹曼常量。

在实验中，电场的波动在频域比在时域更容易被测量。因此，将考虑方程（9.4）在频域上的解，为此进行傅里叶变换 $G(t) = \frac{1}{2\pi}\int_{-\infty}^{\infty}e^{-i\omega t}G(\omega)d\omega$ 。利用输入输出关系

$$c_{out}(\omega) = \sqrt{2\kappa}\,c(\omega) - c_{in}(\omega) = R(\omega)c_{in}(\omega) \tag{9.5}$$

根据式（9.4）和式（9.5），可得到空腔场的响应函数

$$R(\omega) = \frac{2\kappa}{\chi_c^{-1}(\omega) + \sum_{j=1}^{N}\left|G_j\right|^2\chi_j(\omega)} - 1 \tag{9.6}$$

其中忽略了 $b_{j,in}$ 。 $\chi_c(\omega)$ 和 $\chi_j(\omega)$ 函数具体为

$$\left.\begin{aligned}\chi_c(\omega) &= \frac{1}{\kappa + i(\Delta-\omega) + \chi_a} \\ \chi_j(\omega) &= \frac{1}{\Gamma_j + i(\omega_j - \omega)}\end{aligned}\right\} \tag{9.7}$$

其中， $\chi_a = \dfrac{G_a^2}{\gamma - i(\omega-\Delta_a)}$ 为与原子相关的参数。因此，原子如何影响腔的输出场的响应，取决于项 χ_a 。

首先讨论具有两个简并机械振荡器的情况，即 $N=2$ ，且具有相同频率 $\omega_1 = \omega_2 = \omega_m$ 。假定腔场、原子在反斯托克边带（ $\Delta = \omega_m$ 和 $\Delta_a = \omega_m$ ）发生共振。在图9.2中，展示响应函数 $R(\omega)$ 的实部在共振附近 $(\omega-\Delta)/\Delta$ 的曲线图。从图中可以观察到机械振子的超辐射现象。这是由于机械振子和腔内光子的相互作用，腔内光子又与外部真空相互作用。同时，机械振荡器快

速衰减。也就是说，声子能更快地转化为反斯托克斯光子。另外，从图9.2中可以观察到，在超辐射现象中，线宽随着参数 G_a 的增加而变宽。在等式 $G_a = g\sqrt{N}$ 中，假设原子与腔间的耦合 g 保持不变时，G_a 的增加是由于原子数量 N 的增加。也就是说，G_a 的增加引起了超辐射过程的增强。在文献［174］中，这种现象可以通过增加机械振荡器来实现。与参考文献［174］进行比较，原子在这个过程中也起着同样的作用。

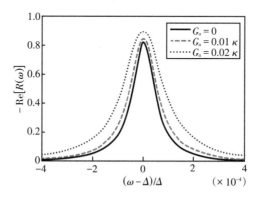

图9.2 超辐射效应，在反斯托克斯边带响应函数的实部的值 $\left(-\mathrm{Re}\left[R(\omega)\right]\right)$ 随 $(\omega-\Delta)/\Delta$ 变化的曲线（$\Delta = \omega_m$ 和 $\Delta_a = \omega_m$）

注：不同的曲线对应不同的 G_a。参数选择如下：$\kappa/2\pi = 1.0\,\mathrm{MHz}$，$\omega_m = 10\kappa$，$\Gamma = 10^{-4}\kappa$，$G_1 = G_2 = 1.5\sqrt{\kappa\Gamma}$，机械振子数目 $N = 2$。

接下来，将研究原子如何通过反斯托克边带区域内的参数来影响模式分裂。图9.3绘制了 $-\mathrm{Re}[R(\omega)]$ 随 $(\omega-\Delta)/\Delta$ 的变化曲线。在这里，机械振荡器的频率差的选择是 $\Delta\omega = \omega_1 - \omega_m = -(\omega_2 - \omega_m) = 4.5\Gamma$。当原子不存在时（$G_a = 0$），在文献［28］中讨论了模态分裂的情况。这种分裂是由两个振荡器的频率差造成的。如图9.3所示，在原子被引入系统的情况下，腔场模式分裂谱出现了三个峰。增加的分裂峰是由多模光机械系统中耦合原子的相干性引起的。同时，随着 G_a 从 0 增加到 0.02κ，$-\mathrm{Re}[R(\omega)]$ 峰值的绝对值增加。

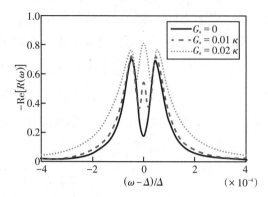

图9.3 在不同参数G_a的条件下，响应函数的实部的值$\left(-\mathrm{Re}[R(\omega)]\right)$随$(\omega-\Delta)/\Delta$变化的曲线

注：机械振子之间的频率差为$\Delta\omega=\omega_1-\omega_m=-(\omega_2-\omega_m)=4.5\Gamma$。其他参数与图9.2相同。

对于不同数量的振荡器（$N=2$，3，4），图9.4绘制了$-\mathrm{Re}[R(\omega)]$随$(\omega-\Delta)/\Delta$的变化曲线。正如在图9.3中所讨论的，当原子不存在时（$G_a=0$），腔模式分裂成两模。当机械振子数目为奇数个时（$N=3$），分裂谱中两个峰变得不平衡。同时，当机械振子数目为偶数时（$N=2$或4），两个峰的值相同。这并不难理解。我们知道，频率差（$\omega_1-\omega_m$和$\omega_m-\omega_2$）导致分裂谱的两个峰。所增加机械振子频率差$\omega_1-\omega_m$将增加相应的峰值。因此，当振子具有奇数时，分裂谱的一个峰高于另一个峰。

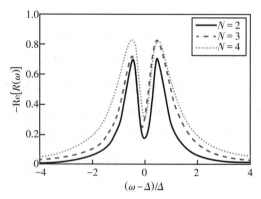

图9.4 在不同机械振子N的条件下，响应函数的实部的值$\left(-\mathrm{Re}[R(\omega)]\right)$随$(\omega-\Delta)/\Delta$变化的曲线（$G_a=0$）

注：其他参数与图9.3相同。

9.4 集体增益效应

通过选择泵浦频率 ω_t，系统可在斯托克斯共振边带区域，失谐量满足关系 $\Delta \approx -\omega_m$。其中，物理过程是将泵浦光子转换为低频 $\omega_t - \omega_m$ 的声子和斯托克斯光子。因此，在这个过程中，声子的数量在增加，同时可以使其实现声子激光效应。此外，假定原子也在斯托克斯边带发生共振，即 $\Delta_a = -\omega_m$，这是原子放置在腔内的先决条件。

接下来，将研究原子是如何影响集体行为的。在这个斯托克边带区域中，首先做一个旋转波近似，在去掉非共振项后，可以得到量子朗之万方程：

$$\left.\begin{aligned}
\frac{\mathrm{d}}{\mathrm{d}t}c &= -(\kappa + \mathrm{i}\Delta)c - \mathrm{i}G_a a + \mathrm{i}\sum_{j=1}^{N}G_j b_j^+ + \sqrt{2\kappa}\,c_{\mathrm{in}} \\
\frac{\mathrm{d}}{\mathrm{d}t}b_j^+ &= -(\varGamma - \mathrm{i}\omega_j)b_j^+ - \mathrm{i}G_j^* c + b_{\mathrm{in},\,j} \\
\frac{\mathrm{d}}{\mathrm{d}t}a &= -(\gamma + \mathrm{i}\delta)a - \mathrm{i}G_a c + \sqrt{2\gamma}\,a_{\mathrm{in}}
\end{aligned}\right\} \tag{9.8}$$

使用与以前相同的方法，系统的响应函数为

$$R(\omega) = \frac{2\kappa}{\chi_c^{-1}(\omega) + \sum_{j=1}^{N}\left|G_j\right|^2 \chi_j(\omega)} - 1 \tag{9.9}$$

$\chi_c(\omega)$ 和 $\chi_j(\omega)$ 函数具体为

$$\left.\begin{aligned}
\chi_c(\omega) &= \frac{1}{\kappa + \mathrm{i}(\Delta - \omega) + \chi_a} \\
\chi_j(\omega) &= \frac{1}{\varGamma_j - \mathrm{i}(\omega_j + \omega)}
\end{aligned}\right\} \tag{9.10}$$

如何通过与原子相关的参数 $\chi_a(\omega)$ 影响腔输出场的响应呢？当系统与原子耦合时，图 9.5 给出了在斯托克斯边带响应函数的实部 $(-\mathrm{Re}[R(\omega)])$ 随 $(\omega - \Delta)/\Delta$ 的变化曲线。这里，原子和驱动场之间的失谐选择为 $\Delta_a = -\omega_m$。可以看出，在集体增益和腔场模式分裂状态下，分裂谱的峰值随着原子数目的增加而减小。由于原子失谐的选择，原子阻止了声场的增加。由此，原子的存在就减少了集体增益效应。

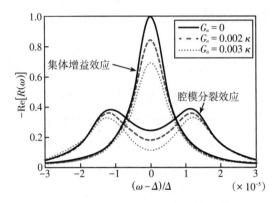

图9.5 在不同的边带区域条件下，响应函数的实部的值 $\left(-\mathrm{Re}\left[R(\omega)\right]\right)$ 随 $(\omega-\Delta)/\Delta$ 变化的曲线

注：假定系统中具有两个机械振子 $N=2$，$G=0.5\sqrt{\kappa\Gamma}$，$\Delta=-\omega_m$，$\Delta_a=-\omega_m$。另外，集体增益效应对应于频率差 $\Delta\omega=0$，腔模分裂对应频率差 $\Delta\omega=1.25\Gamma$。其他参数与图9.2相同。

此外，随着原子数量的进一步增加，本章还给出在斯托克斯边带响应函数的实部 $\left(-\mathrm{Re}\left[R(\omega)\right]\right)$ 的变化曲线，如图9.6所示。可以看出，$G_a=0.01\kappa$ 出现超辐射行为。因此，在斯托克斯边带中，可以通过控制原子数，将系统从集体增益状态切换到超辐射状态。

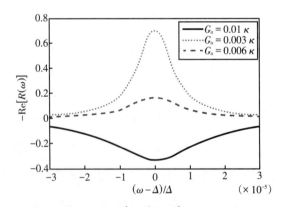

图9.6 响应函数的实部的值 $\left(-\mathrm{Re}\left[R(\omega)\right]\right)$ 随 $(\omega-\Delta)/\Delta$ 变化的曲线，

与图9.5相似，但对应不同的 G_a

注：这里，实线、虚线和点线分别对应 $G_a=0.01\kappa$，0.006κ，0.003κ。

9.5　本章小结

　　本章研究了包含原子介质的多模光机械系统，并展示了原子如何影响超辐射和集体增益量子效应的变化。研究结果表明，在反斯托克斯边带，原子介质可以增强超辐射行为。同时，在斯托克斯边带，原子可以降低集体增益过程。通过选择不同的原子数目，可以将多模光机械系统中的量子效应进行转换，例如将超辐射转换为集体增益。

10 | 总结与展望

10.1　总结

随着纳米技术的发展，腔光机械系统作为量子控制的器件、量子信息的载体和探测介观甚至宏观物体量子效应的候选者，具有独特的优势。在耦合微观原子的腔光机械混合系统中，本书研究了如何制备机械振子的纠缠态和压缩态，以及电磁诱导透明和光脉冲传输等。

第1章介绍了本书的研究背景、研究状况以及对近几年来腔光机械系统的广泛应用进行综述。

第2章给出了腔光机械系统的基本原理以及本书所涉及的量子光学中的基本概念和基础知识。

第3章研究了耦合三能级级联型原子的两模腔光机械混合系统。在原子与腔模可实现的耦合范围，制备了两模腔与两个机械振子之间的纠缠。可移动镜子的运动行为会影响两模腔场的输出纠缠：镜子的本征频率越大，输出纠缠越大。原子的相干性引起纠缠的产生，因此原子的初态对两模场纠缠具有重要的影响。当输入原子的能级是最佳相干时，输出谱表现为一个最大纠缠波包；然而对于其他原子初态，输出谱分裂为两个波包。

第4章主要内容分三个部分：首先，改进了已有的一个理论方案，即利用耦合场和探测场同时驱动腔光机械系统，此时系统表现为类电磁诱导透明。基于这个理论方案，提出此系统耦合二能级原子系综，研究发现原子的存在扩宽了透明窗口，并增强了腔模与机械振子之间的有效耦合。其次，研究了二能级原子对腔光机械平方耦合系统中电磁诱导透明的影响。通过分析，发现二能级原子有利于增强吸收谱在 $\delta = 2\omega_m$ 处的值，使得透明更为彻底。同时，原子的存在增强了薄膜位移的涨落及能量。最后，简单对比了 Λ 型三能级原子，腔光机械系统和平方耦合腔光机械系统中电磁诱导透明的不同。

第5章讨论了制备腔光机械系统中机械振子压缩态的理论方案。首先，利用含时经典场驱动腔光机械系统，研究正交量的随时演化，证明了二能级原子能够有效地增强机械振子的压缩。原子数目越多，可移动镜子的压缩越强。并且，增加原子数目会降低对热环境的要求。其次，研究了一个包含 N 个机械系统的多模腔光机械系统。这个系统是由外场驱动的，振幅随时间变化。当选择一个特殊的驱动场 $\Omega(t) = \Omega_0 \sin[(\omega_m - \xi_0)t]$ 时，可以在多模光机系统中观察到产生了两模式压缩场。我们发现，随着耦合常数和振幅的增加，压缩效应增强。此外，增加机械振子的数量可以增强腔场与机械振荡器之间的有效耦合。因此可以得出结论：机械振子的数目越大，压缩强度越大。本章还证明了两模光机械系统通过测量腔的输出光谱可以直接检测到压缩领域。

第6章提出利用三能级原子控制两模腔光机械系统中量子态转移的理论方案。通过计算频域下腔模输出场，得到在两个不同频率的腔模之间的两次完全态转移。另外，通过调节原子的入射率，实现了控制完全不同频率的两模腔之间脉冲传输的时间。

第7章研究了包含三能级原子的腔光机械系统，并证明了机械振荡器有效温度的降低。通过在空腔中加入原子介质可以将机械振荡器冷却，且可达到远低于没有原子时的温度。同时证明了初始原子态的选择在机械振荡器的冷却过程中起着重要的作用。在两模腔光机械系统中使用原子可以提供一种将机械振子冷却到量子基态的方法。

第8章研究了含有光学参量放大器的色散光力耦合系统，证明了二次光力耦合与参量放大器对本征模劈裂的重要影响。尽管二次光力耦合远小于线性光力耦合系数，但其对光力系统中量子效应的影响却是相当显著的。这种非线性的存在可以增加腔内光子，从而提高有效的光力耦合作用，进而导致本征模劈裂的增强。另外，光学参量放大器的引入同样可增强有效光力耦合作用，因而从本征模劈裂效应来分析，得知二次光力耦合与光学参量具有相似的调控作用。

第9章研究了耦合原子介质的多模光机械系统，并展示了原子对超辐射和集体增益的影响。通过研究发现，在反斯托克斯边带，原子介质可以增强超辐射效应。同时，在斯托克斯边带，原子的引入可以降低集体增益效应。此外，通过选择不同的原子数目，可以转换多模光机械系统中的量子效应，即将系统中超辐射效应转换为集体增益效应。

10.2　展望

近几年来，腔光机械系统备受关注，研究者在这个领域也获得了丰硕的研究成果。随着腔光机械系统在理论和实验上的快速发展，开辟了新的途径研究量子物理学的基础和应用。在量子信息方面，腔光机械系统提供了一个新的体系结构用于量子信息处理，以及产生非经典态作为量子通信和计算的宝贵资源。然而，科研工作仍需要更进一步深化和发展。本书所介绍的研究内容只是一个起步，笔者认为还有以下几个问题有待进一步研究。

第一，目前的研究还没有涉及耦合原子媒介的光机械腔链。机械振子寿命长达30 ms，可用于储存信息；原子可以传输信息，其相干性能够控制光子。因此，利用该集合系统进行传输和控制量子信息是很有前景的研究方向。此外，我们知道，薄膜腔光机械系统中薄膜与光腔之间可以实现不同形式的耦合，即彼此之间的耦合可以与薄膜位移成线性关系，亦可以成平方的关系。在线性耦合腔光机械系统中，单个声子与光子之间相互作用可以发生态转换；另外，平方耦合腔光机械系统中存在两个声子与一个光子的相互作用。以上二者的结合体，必然为存在多种作用的复杂体系。在共振的条件下，线性与平方耦合腔光机械系统均存在电磁诱导透明现象。因此，此混合系统中的电磁诱导透明、相干完美吸收、相干完美透射等量子相干现象和其高效动态调控是需要进一步来研究的。强驱动光和弱探测光同时作用于腔场，腔光机械系统在共振条件下表现为透明。根据所提出的合理模型，给出系统哈密顿量，由海森堡-朗之万方法可得到系统相关算符平均值的运动方程。在探测光强度与驱动光强度相比较弱的条件下，可用微扰论求解算符平均值的运动方程，再由腔场的输入输出理论即可得到光腔的输出场及机械振子的一阶近似稳态解。由此，进而可以分析腔场透明情况、相干完美吸收和相干完美透射等量子相干现象，探测相干辅助场对其产生的影响及调控的作用。力图得出其新颖的量子性质，以及提出调控量子效应的有效方案，为信息处理过程提供基础依据。

第二，混合量子系统，即耦合互补的物理场在一个体系中，例如固体物理及量子光学与原子物理的结合。最近，耦合原子的腔光机械混合系统在实验上得到实现，其中，单模纳米机械薄膜可与置于光学势中的一簇冷原子 ^{87}Rb 相耦合。在此混合系统中，当薄膜位移发生改变时，薄膜受到腔场光力的辐射压。同时，在劣腔的条件下，场绝热地随薄膜的位移而发生改变。这样的行为改变了光场相位，进而使得原子气体振动。由于质心位移的改变，原子将诱导产生反作用于薄膜；光子传输再一次发生改变。纳米机械振子的机械行为将与原子产生非共振的耦合作用。它们相互制约的作用会有双重效应，如原子具有较高的衰减率，利于制冷机械薄膜。在可实现的边带条件下，只有当机械振子的频率大于光子的耗散率时才能达到冷却的效应。因此，冷却振动频率较低的机械薄膜至其基态将成为一个不可能实现的目标。然而，若引入超冷原子气体，可冷却到 650 mK 的低温。除了冷却机械薄膜，混合系统中关联的量子多体也会衍生出许多有趣的现象。例如，通过腔光力在纳米振子的反作用力，可调控原子与原子的相互作用。此时，类似于玻色-爱因斯坦凝聚态（BEC）的一个长程相互作用产生了。事实上，将 BEC 置于泵浦光腔这样简单的混合量子多体系统已经得以应用。如正相和自发超辐射相之间的量子相变、光学双稳态、光机械布洛赫共振等。另外，其潜在的应用有通过测量原子动量的涨落，可以得到非破坏机械薄膜涨落的行为。

本书只关心原子耦合腔光机械系统中的量子特性。原子作为一个辅助系统起到对主系统压缩及纠错等的优化作用。因此可以进一步将原子媒介引入腔光机械系统，将机械振子制备到所需量子态，从而研究测量弱力和轻质量的精度。另外，多个机械模之间纠缠的研究工作已开展。但耦合多能级相干原子的混合光机械腔链还未被开展研究。笔者计划通过调控微观原子，从而实现控制态转移、信息传输及存储等量子过程。在耦合BEC的混合腔光机械系统中，通过光场的媒介作用，原子和机械膜之间可实现共振或非共振的耦合。当BEC的能量标度必须达到薄膜频率的量级时，原子薄膜的耦合可以实现调节。它们之间的这种耦合强度的调节可以通过改变驱动激光的强度来完成。笔者计划基于此混合系统，通过调控原子彼此间的耦合强度，抑或原子机械薄膜间的耦合强度，研究原子薄膜之间的纠缠、量子相变及量子通信等量子效应。

第三，如果将第二光腔引入光机械系统，在这样的混合系统中，控制的自由度将可以进一步增强。此系统可以通过更换一个双面反射镜（并且在薄膜的相对侧需添加镜像腔）得以实现；就两个分离腔场的情况而言，也可以引入失谐量。此前，也有文章指出，在两模腔光机械系统中，其非线性将增强。低频纳米机械振子具有较强的零点涨落，冷却这样的振子有助于基础研究及其应用。因此，系统在不可分辨边带区域，冷却机械振子到其基态很有希望前景。在这样的边带区域，已有工作提出实现基态冷却的方案，如采用色散耦合机械、参数调节、混合系统等。当然，这样的方案都有欠缺，很难毫不费力地实现冷却。若将辅助的腔场耦合到量子系统，将会放宽分辨边带的条件限制，进而可增强有效的光机械效应。如将高质量的光腔与较大耗散率的机械腔相耦合，由于它们之间的相互作用，可以实现机械振子的冷却。在这样的混合系统中，在某些方面具有优势，如辅助光腔与机械振子之间不存在相互作用，光场和机械振子的参数均可以独立地调节；通过腔场媒介作用，它们之间的有效相互作用使得系统从不可分辨边带转为有效的可分辨边带；耦合辅助体的混合腔光机械系统将会使系统的动力学稳态重新发生改变；提供有效方案解决光机械系统在实验上严格的条件，放宽了边界条件等。受此启发，笔者计划研究耦合第二腔场的混合腔光机械系统的量子效应。辅助场的引入可增加控制度，因此，考虑此系统的动力学演化情况。那么，辅助场在系统的量子性研究中是否具有影响呢？又会产生怎样的新的量子特性呢？这是需要我们探索的一个方面。另外，系统在不可分辨边带的参数域下，辅助场对系统的量子效应会产生有益的影响吗？是否可解决可分辨边带所要求的严格的限制条件？是否有利于量子机械环形器的实现？这些问题需要我们进一步考虑。

综上，腔光机械系统对于量子与经典交界问题、量子通信及光信号精密探测等方面均具有非常重要的应用价值。后续工作开展是在已有工作的基础上，研究混合腔光机械系统电磁诱导透明的性质等非线性特征，以及利用电磁诱导透明控制该混合系统中量子信息传输、存储及传输通道等方面。另外，笔者计划开展耦合辅助体混合腔光机械系统中优化的量子特征，以及利用其实现量子环形器中信息传输的控制的研究。这些研究工作如果成功，将对理解、揭示微观与宏观结合体系的量子特性及在量子信息方面均具有极大的意义与应用价值。

参考文献

［1］ ASHKIN A.Applications of laser radiation pressure［J］.Science,1980,210(4474):1081-1088.

［2］ ASHKIN A,DZIEDZICJ M,BJORKHOLM J E,et al.Observation of a single beam gradient force optical trap for dielectric particles［J］.Optics letters,1986,11(5):288-290.

［3］ LIU Y C,HU Y W,WONG C W,et al.Review of cavity optomechanical cooling［J］.Chinese physics B,2013,22(11):114213-1-114213-13.

［4］ DORSEL A,MCCULLEN J D,MEYSTRE P,et al.Optical bistability and mirror confinement induced by radiation pressure［J］.Phys. Rev. Lett,1983,51(17):1550-1553.

［5］ BRAGINSKY V B,MANUKIN A B.Ponderomotive effects of electromagnetic radiation［J］.Journal of experimental and theoretical physics,1967,25(4):653-655.

［6］ BRAGINSKY V B,MANUKIN A B,TIKHONOV M Y.Investigation of dissipative Ponderomotive effects of electromagnetic radiation［J］.Journal of experimental and theoretical physics,1970,31(5):829-830.

［7］ JASPER C,ALEGRE T P M,SAFAVI-NAEINI A H,et al.Laser cooling of a nanomechanical oscillator into its quantum ground state［J］.Nature,2011,478:89-92.

［8］ EICHENFIELD M,CHAN J,CAMACHO R M,et al.Optomechanical crystals［J］.Nature,2009,462(5):78-82.

[9] SAFAVI-NAEINI A H,ALEGRE T P M,CHAN J,et al.Electromagneti-cally induced transparency and slow light with optomechanics[J].Nature, 2011,472(7341):69-73.

[10] CHANG D E,SAFAVI-NAEINI A H,PAINTER M,et al.Slowing and stopping light with an optomechanical crystal array[J].New journal of physics,2011,13(2):178-182.

[11] QIANG L,ROSENBERG J,JIANG X,et al.Mechanical oscillation and cooling actuated by the optical gradient force[J].Physical review letters, 2009,103(10):103601-1-103601-4.

[12] QIANG L,ROSENBERG J,CHANG D,et al. Coherent mixing of me-chanical excitations in nano-optomechanical structures[J].Nature pho-ton,2010,4(4):236-242.

[13] SCHLIESSER A,RIVIERE R,ANETSBERGER G,et al.Resolved-side-band cooling of a micromechanical oscillator[J].Nature physics,2008, 4(5):415-419.

[14] KIPPENBERG T J,VAHALA K J.Cavity Optomechanics:Back-Action at the Mesoscale[J].Science,2008,321(5893):1172-1176.

[15] ARMANI D K,KIPPENBERG T J,SPILLANE S M,et al.Ultra-high-Q toroid microcavity on a chip[J].Nature,2003,421(6926):925-928.

[16] ROKHSARI H,KIPPENBERG T,CARMON T,et al.Radiation-pressure-driven micro-mechanical oscillator[J].Optexpress, 2005, 13(14):5293-5301.

[17] SCHLIESSER A, DELHAYE P, NOOSHI N,et al.Radiation pressure cooling of a micromechanical oscillator using dynamical backaction[J]. Physical review letters,2006,97(24):243905-1-243905-9.

[18] SCHLIESSER A,ARCIZET O,RIVERE R,et al. Resolved-sideband cool-ing and position measurement of a micromechanical oscillator close to the Heisenberg uncertainty limit[J]. Nature physics,2009,5(7):509-514.

[19] THOMPSON J D,ZWICKL B M,JAYICH A M,et al.Strong disper-

sive coupling of a high-fifinesse cavity to a micromechanical membrane[J].Nat. Lett.,2008,462(7183):72-75.

[20] BIANCOFIORE C,KARUZA M,GALASSI M,et al.Quantum dynamics of an optical cavity coupled to a thin semitransparent membrane:Effect of membrane absorption[J].Physical review A,2011,84(3):2484-2494.

[21] JAYICH A M ,HARRI S J,SANKEY J C,et al.Strong and tunable nonlinear optomechanical coupling in a low- loss system [J].Nature physics,2010,6(9):707-712.

[22] BRENNECKE F,DONNER T,RITTER S,et al.Cavity QED with a bose-einstein condensate[J],Nature,2007,450(7167):268-271.

[23] BRENNECKE F,RITTER S,DONNER T,et al.Cavity optomechanics with a bose-einstein condensate[J].Science,2008,322(5899):235-238.

[24] RITTER S,BRENNECKE F,BAUMANN K,et al.Dynamical coupling between a bose-einstein condensate and a cavity optical lattice [J].Applied physics B,2009,95(2):213-218.

[25] MARQUARDT F,HARRIS J G E,GIRVIN S M.Dynamical multistability induced by radiation pressure in high fifinesse micromechanical optical cavities[J].Physical review letters,2006,96(10):103901-1-103901-4.

[26] CARMON T,CROSS M C,VAHALA K J.Chaotic quivering of micron scaled on chip resonators excited by centrifugal optical pressure[J]. Physical review letters,2007,98(16):167203-1-167203-4.

[27] MURCH W K,MOORE L K,GUPTA S,et al.Observation of quantum measurement backaction with an ultracold atomic gas[J].Nature physics,2008,4(7):561-564.

[28] CORBITT T,CHEN Y B,INNERHOFER E,et al.An all-optical trap for a gram-scale mirror[J].Physical review letters,2007,98(15):150802-1-150802-4.

[29] ASPELMEYER M.Cavity optomechanics[J].Review of modern physics, 2013,86(4):1391-1452.

［30］ MANCINI S, VITALI D, TOMBESI P.Optomechanical cooling of a macroscopic oscillator by homodyne feedback［J］.Physical review letters, 1998,80(4):688-691.

［31］ COHADON P F, HEIDMANN A, PINARD M.Cooling of a mirror by radiation pressure［J］.Physical review letters,1999,83(16):3174-3177.

［32］ ARCIZET O, COHADON P F, BRIANT T.Radiation-pressure cooling and optomechanical instability of a micromirror［J］.Nature, 2006, 444 (7115):71-74.

［33］ GIGAN S, BOHM H R, PATERNOSTRO M, et al.Self-cooling of a micromirror by radiation pressure［J］.Nature,2006,444(7115):67-70.

［34］ NAIK A, BUU O, LAHAYE M D, et al.Cooling a nanomechanical reso-nator with quantum back-action［J］.Nature(London),2006,443(7108): 193-196.

［35］ POGGIO M, DEGEN C L, MAMIN H J, et al.Feedback cooling of a cantilever's fundamental mode below 5 mK［J］.Physical review letters, 2007,99(1):017201-1-017201-4.

［36］ SCHLIESSER A, DELHAYE P, NOOSHI N, et al.Radiation pressure cooling of a micromechanical oscillator using dynamical backaction［J］. Physical review letters,2006,97(24):243905-1-243905-4.

［37］ GENES C, RITSCH H, VITAL D.Micromechanical oscillator ground-state cooling via resonant intracavity optical gain or absorption［J］. Physical review A ,2009,80(6):061803-1-061803-4.

［38］ GRÖBLSCHER S, HAMMERER K, HAMMERER K, et al.Observation of strong coupling between a micromechanical resonator and an opti-cal cavity field［J］.Nature,2009,460(7256):724-727.

［39］ PARK Y S, WANG H.Resolved-sideband and cryogenic cooling of an optomechanical resonator［J］.Nature physics,2009,5(7):489-493.

［40］ ROCHELEAU T, NDUKUM T, MACKLIN C, et al.Preparation and detection of a mechanical resonator near the ground state of motion

[J].Nature,2010,463(7277):72-75.

[41]　RIVIERE R,DELEGLISE S,WEIS S,et al.Optomechanical sideband cooling of a micromechanical oscillator close to the quantum ground state[J].Physical review A,2010,83(6):978-983.

[42]　SETE E A,ELEUCH H.Strong squeezing and robust entanglement in cavity electro-mechanics[J].Physical review A,2014,89(1):013841-1-013841-8.

[43]　LIAO J Q,WU Q Q,NORI F.Entangling two macroscopic mechanical mirrors in a two-cavity optomechanical system[J].Physical review A,2014,89(1):041302-1-041302-5.

[44]　CHEN R X,SHEN L T,YANG Z B,et al.Enhancement of entanglement in distant mechanical vibrations via modulation in a coupled optomechanical system[J].Physical review A,2014,89(2):023841-1-023841-8.

[45]　MARSHALL W,SIMON C,PENROSE R,et al.Towards quantum superpositions of a mirror[J].Physical review letters,2003,91(13):130401-1-130401-4.

[46]　HARTMANN M J,PLENIO M B.Steady state entanglement in the mechanical vibrations of two dielectric membranes[J].Physical review letters,2008,101(20):200503-1-200503-4.

[47]　MANCINI S,CIOVANNETTI V,VITALI D,et al.Entangling macroscopic oscillators exploiting radiation pressure[J].Physical review letters,2002,88(12):120401-1-120401-4.

[48]　VITALI D,GIGAN S,FERREIRA A,et al.Optomechanical Entanglement between a movable mirror and a cavity field[J].Physical review letters,2007,98(3):030405-1-030405-4.

[49]　BARZANJEH S,VITALI D,TOMBESI P.Entangling optical and microwave cavity modes by means of a nanomechanical resonator[J].Physical review A,2011,84(4):042342-1-042342-6.

[50]　CHIARA G D,PATERNOSTRO M,PALMA G M.Entanglement detec-

tion in hybrid opotomechanical systems[J].Physical review A,2011,83 (5):052324-1-052324-6.

[51] STANNIGEL K,RABL P,SORENSEN,et al.Optomechanical transducers for long-distance quantum communication[J].Physical review letters,2010,105(22):220501-1-220501-4.

[52] STANNIGEL K,KOMAR P,HABRAKEN S J M,et al.Optomechanical quantum information processing with photons and phonons[J].Physical review letters,2012,109(1):013603-1-013603-5.

[53] TIAN L.Adiabatic state conversion and pulse transmission in optomechanical systems[J].Physical review letters,2012,108(15):153604-1-153604-5.

[54] HONG F Y,XIANG Y,TANG W H.Theory of control of optomechanical transducers for quantum networks[J].Physical review A,2012,85 (1):012309-1-012309-6.

[55] TAN H T,BARIANI F,LI G X,et al.Generation of macroscopic quantum superpositions of optomechanical oscillators by dissipation[J]. Physical review A,2013,88(2):023817-1-023817-6.

[56] MARTINI F D.Colloquium:Multiparticle quantum superpositions and the quantum-to-classical transition[J].Rev. Mod. Phys.,2012,84(4): 1765-1789

[57] CHATTERJEE A,DHAR H S,GHOSH R.Non-classical properties of states engineered by superpositions of quantum operations on classical states[J].J. Phys. B,2012,45(20):205501-1-205501-10.

[58] PEPPER B,GHOBADI R,JEFFREY E.Optomechanical superpositions via nested interferometry[J].Physical review letters, 2012, 109 (2): 023601-1-023601-5.

[59] PEPPER B, JEFFREY, GHOBADI, et al.Macroscopic superpositions via nested interferometry:Finite temperature and decoherence considerations[J].New J. Phys. 2012,14(11):115025-1-115025-12.

[60] NIMMRICHTER S, HORNBERGER K.Macroscopicity of mechanical quantum superposition states[J].Physical review letters,2013,110(16): 160403-1-160403-5.

[61] JÄHNE K,GENES C,HAMMERER K,et al.Cavity-assisted squeezing of a mechanical oscillator[J].Physical review A,2009,79(6):063819-1-063819-6.

[62] AGARWAL G S, HUANG S M.Electromagnetically induced transparency in mechanical effects of light [J].Physical review A, 2010, 81 (4): 041803-1-041803-4.

[63] HUANG S M, AGARWAL G S.Electromagnetically induced transparency from two-phonon processes in quadratically coupled membranes [J]. Physical review A,2011,83(2):023823-1-023823-5.

[64] WEIS S,RIVIERE R,DELEGLISE S,et al.Optomechanically induced transparency[J].Science,2010,330(6010):1520-1523.

[65] FADER W J.Theory of two coupled lasers[J].IEEE J. quantum electron,1985,21(11):1838-1844.

[66] BHATTACHARYA M,UYS H,MEYSTRE P.Optomechanical trapping and cooling of partially reflective mirrors[J].Physical review A,2008, 77(3):033819-1-033819-12.

[67] CHOW W W.A composite-resonator mode description of coupled lasers[J].IEEE J. quantum electron,1986,22(8):1174-1183.

[68] WIECZOREK S,CHOW W W.Bifurcations and interacting modes in coupled lasers:A strong-coupling theory[J].Physical review A,2004,69 (3):033811-1-033811-17.

[69] WALLS D F,MILBURN G J.Quantum optics[M].Berlin: Springer-Verlag,1994.

[70] SCULLY M O,ZUBAIRY M S,Quantum optics[M].Cambridge: Cambridge University Press,1997.

[71] BOSE S,JACOBS K,KNIGHT P L.Scheme to probe the decoherence

of a macroscopic object[J].Physical review A,1999,59(5):3204-3210.

[72] GENES C,MARI A,TOMBESI,et al.Robust entanglement of a micro-mechanical resonator with output optical fields[J].Physical review A, 2008,78(3):032316-1-032316-14.

[73] ZHANG J,PENG K,BRAUNSTEIN S L.Quantum-state transfer from light to macroscopic oscillators [J].Physical review A, 2003, 68 (1): 013808-1-013808-4.

[74] VITALI D,MANCINI S,TOMBESI P.Stationary entanglement between two movable mirrors in a classically driven Fabry-Perot cavity[J].J. Phys. A,2007,40(28):8055-8068.

[75] HUANG S M,AGARWAL G S.Entangling nanomechanical oscillators in a ring cavity by feeding squeezed light[J].New J. Phys.,2009,11 (10):103044-1-103044-13.

[76] IAN H,GONG Z R,LIU Y X,et al.Cavity optomechanical coupling assisted by an atomic gas[J].Phys. Rev. A,2008,78(1):013824-1-013824-7.

[77] HAMMERER K,WALLQUIST M,GENES C,et al.Strong coupling of a mechanical oscillator and a single atom[J].Physical review letters, 2009,103(6):063005-1-063005-4.

[78] WALLQUIST M,HAMMERER K,ZOLLER P,et al.Single-atom cavity QED and optomicromechanics [J].Physical review A, 2010, 81 (2): 023816-1-023816-17.

[79] GENES C,VITALI D,TOMBESI P.Emergence of atom-light-mirror entanglement inside an optical cavity[J].Physical review A,2008,77 (5):050307-1-050307-4.

[80] XIONG H,SCULLY M O,ZUBAIRY.Correlated spontaneous emission laser as an entanglement amplifiier[J].Physical review letters,2005, 94(2):023601-1-023601-9.

[81] TAN H T,ZHU S Y,ZUBAIRY M S.Continuous-variable entangle-

ment in a correlated spontaneous emission laser [J].Physical review A,2005,72(2):022305-1-022305-8.

[82] ZHOU L,YANG G H,PATNAIK.Spontaneously generated atomic entanglement in free space reinforced by incoherent pumping[J].Physical review A,2009,79(6):062102-1-062102-8.

[83] ZHOU L,MU Q X,LIU Z J.Output entanglement and squeezing of two-mode fields generated by a single atom[J].Phys. Lett. A,2009, 373(23):2017-2020.

[84] ZHOU L,MA Y H,ZHAO X Y.Entanglement generation in a double-Λ system[J]. J. Phys. B,2008,41:215501-1-215501-7.

[85] LENG H Y,WANG J F,YU Y B,et al.Scheme to generate continuous-variable quadripartite entanglement by intracavity down-conversion cascaded with double sum-frequency generations [J].Physical review A,2009,79(3):032337-1-032337-8.

[86] VILLAR A S,CRUZ L S,CASSEMIRO K N,et al.Generation of bright two-color continuous variable entanglement [J].Physical review letters,2005,95(24):243603-1-243603-4.

[87] SIMON R.Peres-Horodecki separability criterion for continuous variable systems[J].Physical review letters,2000,84(12):2726-2729.

[88] CASSEMIRO K N,VILLAR A S.Scalable continuous-variable entanglement of light beams produced by optical parametric oscillators [J]. Physical review A,2008,77(2):022311-1-022311-7.

[89] ZHAO X Y,MA Y H,ZHOU L.Generation of multi-mode-entangled light[J].Opt. commun,2009,282,1593-1597.

[90] JOSHI C,LARSON J.Entanglement of distant optomechanical systems [J].Physical review A,2012,85(3):033805-1-033805-11.

[91] HARRIS S E.Electromagnetically induced transparency [J].Phys. Today,1997,50:36-42.

[92] FLEISCHHAUER M,IMAMOGLU A,MARANGOS J P,et al.Electro-

magnetically induced transparency:Optics in coherent media [J].Rev. Mod. Phys.,2005,77(2):633-673.

[93] MARANGOS J H.Electromagnetically induced transparency[J].J. Mod. Opt,1998,45(3),471-503.

[94] BOLLER K J,IMAMOGLU A,HARRIS S E.Observation of electro-magnetically induced transparency[J].Physical review letters,1991,66 (20):2593-2596.

[95] WU Y,YANG X X.Electromagnetically induced transparency in V,Λ, and cascade-type schemes beyond steady-state analysis Phys[J].Rev. A,2005,71(5):053806-1-053806-7.

[96] IAN H,LIU Y X,NORI F.Tunable electromagnetically induced trans-parency and absorption with dressed superconducting qubits[J].Physi-cal review A,2010,81(6):063823-1-063823-12.

[97] SAFAVI-NAEINI A H,MAYER ALEGRE T P,CHAN J,et al.Electro-magnetically induced transparency and slow light with optomechanics [J].Nature(London),2011,472:69-73.

[98] ROGHANI M,BREUER H B,HELM H.Dissipative light scattering by a trapped atom approaching electromagnetically-induced-transparency conditions[J].Physical review A,2010,81:033418-1-033418-12.

[99] ABDUMALIKOV A A,ASTAFIEV O,ZAGOSKIN A M,et al.Electro-magnetically induced transparency on a single artifificial atom [J]. Physical review letters,2010,104(19):193601-1-193601-4.

[100] LIGHT P S,BENABID F,PEARCE G J,et al.Electromagnetically induced transparency in acetylene molecules with counterpropagating beams in V and Λ schemes [J].Appl. Phys. Lett., 2009, 94 (14): 141103-1-141103-3.

[101] KASH M M,SAUTENKOV V A,ZIBROV A S,et al.Ultraslow group velocity and enhanced nonlinear optical effects in a coherently driven hot atomic gas[J].Physical review letters,1999,82(26):5229-5232.

[102] HAU L V, HARRIS S E, DUTTON Z et al.Light speed reduction to 17 metres per second in an ultracold atomic gas[J].Nature, 1999, 397:594-598.

[103] PHILLIPS D F, FLEISCHHAUER A, MAIR A, et al.Storage of light in atomic vapor[J].Physical review letters, 2001, 86(5):783-786.

[104] ABI-SALLOUM T Y.Electromagnetically induced transparency and autler-townes splitting:Two similar but distinct phenomena in two categories of three-level atomic systems[J].Physical review A, 2010, 81(5):053836-1-053836-6.

[105] ZHANG S, GENOV D A, WANG Y, et al.Plasmon-induced transparency in metamaterials[J].Physical review letters, 2008, 101(4):047401-1-047401-4.

[106] GENES C, VITALI D, TOMBEI D, et al.Ground-state cooling of a micromechanical oscillator:Comparing cold damping and cavity-assisted cooling schemes[J].Physical review A, 2008, 77(3):033804-1-033804-9.

[107] DASTIDAR K R, DUTTA S.A new way of broadening the EIT window:Control over subluminal group velocity[J].Journal of physics(conference series), 2009, 185:012036-1-012036-4.

[108] QI T, HAN Y, ZHOU L.Electromagnetically induced transparency in cavity optomechanical system with Λ-type atomic medium[J].J. Mod. Opt., 2013, 60(6):431-436.

[109] JAYICH A M, SANKEY J C, ZWICKL B M, et al.Dispersive optomechanics:a membrane inside a cavity[J].New J. Phys., 2008, 10:095008-1-095008-31.

[110] NUNNENKAMP A, BØRKJE K, HARRIS J G E, et al.Cooling and squeezing via quadratic optomechanical coupling[J].Physical review A, 2010, 82(2):021806-1-021806-4.

[111] WALLQUIST M, HAMMERER K, ZOLLER P.Single-atom cavity QED and optomicromechanics[J].Physical review A, 2010, 81(2):023816-1-

023816-17.

[112] HAN Y, CHENG J, ZHOU L.Electromagnetically induced transparency in a cavity optomechanical system with an atomic medium[J].J. Phys. B, 2011,44(16):165505-1-165505-5.

[113] LIAO J Q, LAW C K.Parametric generation of quadrature squeezing of mirrors in cavity optomechanics[J].Physical review A,2011,83(3): 033820-1-033820-4.

[114] LI Y,WU L A,WANG Z D.Fast ground-state cooling of mechanical resonators with time dependent optical cavities[J].Physical review A, 2011,83(4):043804-1-043804-5.

[115] HUANG S M,AGARWAL G S.Enhancement of cavity cooling of a micromechanicalmirror using parametric interactions [J].Physical review A,2009,79(1):013821-1-013821-6.

[116] ASPELMEYER M,MEYSTRE P,SCHWAB K.Quantum optomechanics [J].Phys. today,2012,65(7):29-35.

[117] WANG X T, VINJANAMPATHY S, STRAUCH F W, et al.Ultraefficient cooling of resonators:beating sideband cooling with quantum control[J].Physical review letters,2011,107(17):177204-1-177204-5.

[118] MACHNES S, CERRILLO J, ASPELMEYER M, et al.Pulsed laser cooling for cavity optomechanical resonators [J].Physical review letters, 2012,108(15):153601-1-153601-5.

[119] CHANG Y,SHI T,LIU Y X, et al.Multistability of electromagnetically induced transparency in atom- assisted optomechanical cavities [J]. Physical review A,2011,83(6):063826-1-063826-10.

[120] PATERNOSTRO M,VITALI D,GIGAN S,et al.Creating and probing multipartite macroscopic entanglement with light [J].Physical review letters,2007,99(25):250401-1-250401-4.

[121] MANCINI S,TOMBESI P.Quantum noise reduction by radiation pressure[J].Physical review A,1994,49(5):4055-4065.

[122] ZHOU L, HAN Y, JING J T, et al.Entanglement of nanomechanical oscillators and two-mode fields induced by atomic coherence[J].Physical review A,2011,83(5):052117-1-052117-6.

[123] MANCINI S, VITALI D, GIOVANNETTI V, et al.Stationary entanglement between macroscopic mechanical oscillators[J].Eur. Phys. J. D, 2003,22(6):417-422.

[124] LAHAYE M D, BUU O, CAMAROTA B, et al.Approaching the quantum limit of a nanomechanical resonator[J].Science,2004,407:74-77.

[125] MARI A, EISERT J.Gently modulating optomechanical systems [J]. Phys. Rev. Lett.,2009,103(21):213603-1-213603-4.

[126] NUNNENKAMP A, BØKJE K, HARRIS J G E, et al.Cooling and squeezing via quadratic optomechanical coupling[J].Physical review A,2010,82(2):021806-1-021806-4.

[127] TEUFEL J D, LI D, ALLMAN M S, et al.Circuit cavity electromechanics in the strong-coupling regime[J].Nature(London),2011,471: 204-208.

[128] SAFAVI-NAEINI A H, PAINTER O.Proposal for an optomechanical traveling wave phonon-photon translator[J].New J. Phys,2011,13: 013017-1-013017-30.

[129] TIAN L, WANG H L, Optical wavelength conversion of quantum states with optomechanics[J].Physical review A,2010,82(5):053806-1-053806-5.

[130] REGAL C A, LEHNERT K W.From cavity electromechanics to cavity optomechanics[J].Journal of physics conference series,2011,264(1): 012025-1-012025-8.

[131] WANG Y D, CLERK A A.Using interference for high fidelity quantum state transfer in optomechanics[J].Physical review letters,2012,108 (9):153603-1-153603-5.

[132] SINGH S, JING H, WRIGHT E M, et al.Quantum-state transfer between

a Bose-Einstein condensate and an optomechanical mirror[J].Physical review A,2012,86(2):021801-1-021801-4.

[133] FIORE V,YAND Y,KUZYK M C,et al.Storing optical information as a mechanical excitation in a silica optomechanical resonator[J]. Physical review letters,2011,107(13):133601-1-133601-5.

[134] STANNIGEL K,RABL P,SØRENSEN A S,et al.Optomechanical transducers for quantuminformation processing[J].Physical review A, 2011,84:042341-1-042341-23.

[135] VANNER M R,PIKOVSKI I,COLE G D,et al.Pulsed quantum opto-mechanics[J].Proc. Natl. Acad. Sci. USA,2011,108(39):16182-16187.

[136] CAVES C.M,Quantum-Mechanical radiation-pressure fluctuations in an interferometer[J].Phys. Rev. Lett,1980,45:75-79.

[137] LOUDON R.Quantum limit on the michelson interferometer used for gravitational-wave detection[J].Phys. Rev. Lett,1981,47:815-818.

[138] STANNIGEL K,RABL P,SØRENSEN A S,et al. Opto-mechanical transducers for long-distance quantum communication[J].Phys. Rev. Lett,2010,105(22):220501-1-220501-4.

[139] LIAO J Q,LAW C K.Cooling of a mirror in cavity optomechanics with a chirped pulse[J] Phys. Rev. A,2011,84(5):053838-1-053838-6.

[140] ZHU J P,LI G X.Ground-state cooling of a nanomechanical resona-tor with a triple quantum dot via quantum interference[J].Phys. Rev. A,2012,86(5):053828-1-053828-10.

[141] MAHAJAN S,KUMAR T,BHATTACHERJEE A B,et al.Ground-state cooling of a mechanical oscillator and detection of a weak force using a Bose-Einstein condensate[J].Phys. Rev. A,2013,87(1): 530-537.

[142] HUANG S M,AGARWAL G S.Enhancement of cavity cooling of a micromechanical mirror using parametric interactions[J].Physical re-view A,2008,79(1): 013821-1-013821-6.

［143］ ASPELMEYER M,MEYSTRE P,SCHWAB K.Quantum optomechanics ［J］.Phys. today,2012,65(7):29-35.

［144］ LUDWING M,SAFAVI-NAEINI A H,PAINTER O,et al.Enhanced quantum nonlinearities in a two-mode optomechanical system［J］. Physical review letters,2012,109(6):063601-1-063601-5.

［145］ SATYA SAINACH U,NARAYANAN A.Mechanical switch for state transfer in dual-cavity optomechanical systems［J］.Physical review A, 2013,88(3):033802-1-033802-5.

［146］ MAN Z X,FANG S,XIA Y J.Entanglement dynamics modulated by coupling strength in cavity QED［J］.Int. J. quantum inform,2008(6): 341-346.

［147］ MU Q X ,MA Y H,ZHOU L.Output squeezing and entanglement generation from a single atom with respect to a low-Q cavity［J］. Physical review A,2010,81(2):024301-1-024301-4.

［148］ TENG J H,MA J,WANG W.The spectra and optical bistability of cavity field coupled to a mechanical mirror［J］.International journal of quantum information,2013,11(03):1350033-1-1350033-11.

［149］ GHOSH B,MAJUMDAR A S,NAYAK N.Information transfer in leaky atom-cavity systems［J］.International journal of quantum infor- mation,2011,4:665-676.

［150］ SHAN C J,LIU J B,CHEN T,et al.Three-party quantum secure sharing using a four-particle cluster state and driven cavity QED［J］. International journal of theoretical physics,2010,49(8):1775-1780.

［151］ SATYA SAINADH U,ANIL KUMA M.Mimicking a hybrid-optome- chanical system using an intrinsic quadratic coupling in convention- al optomechanical system［J］.Journal of modern optics,2018,66(5): 494-501.

［152］ ZHANG L,SONG Z D.Modification on static responses of a nano-os- cillator by quadratic optomechanical couplings［J］.Sci. China (Phys.

Mech. Astron.),2014,57(5):880-886.

[153] DELIC U, REISENBAUER M, GRASS D, et al. Cavity cooling of a levitated nanosphere by coherent scattering[J].Phys. Rev. Lett, 2019, 122(12), 123602-1-123602-6.

[154] HERTZBERG J,ROCHELEAU T,NDUKUM T,et al.Back-actionevading measurements of nanomechanical motion[J].Nature physics, 2010, 6 (3):213-218.

[155] FONSECA P Z G, ARANAS E B, MILLEN J,et al.Nonlinear dynamics and strong cavity cooling of levitated nanoparticles[J].Phys. Rev. Lett, 2016,117(17),173602-1-173602-5.

[156] ZHANG J S , LI M C, CHEN A X.Enhancing quadratic optomechanical couplingvia a nonlinear medium and lasers[J].Phys. Rev. A,2019,99 (1):13843-1-13843-9

[157] LUDWING M,SAFAVI-NAEINI A H,PAINTER O, et al.Enhanced quantum nonlinearities in a two-mode optomechanical system[J].Phys. Rev. Lett,2012,109(6):63601-1-63601-5.

[158] SATYA SAINADH U,KUMA M A.Effects of linear and quadratic dispersive couplings on optical squeezing in an optomechanical system [J].Phys. Rev. A,2015,92(3),033824-1-033824-8.

[159] DALAFI A,NADERI M H,MOTAZEDIFARD A.Effects of quadratic coupling andsqueezed vacuum injection in an optomechanical cavity assisted with a Bose-Einstein condensate[J].Phys. Rev. A,2018,97 (4):043619-1-043619-9.

[160] GU W J,ZHEN Y,YAN Y,et al.Generation of optical and mechani-cal squeezing in the linear-and-quadratic optomechanics[J].Annalen der Physik,2019,531(8):1800399-1-1800399-10.

[161] ZHANG L,KONG H Y.Self-sustained oscillation and harmonic gener-ation in optomechanical systems with quadratic couplings[J].Phys. Rev. A,2014,89(2):023847-1-023847-5.

[162] SAINADH S U, ANIL KUMA M.Effects of linear and quadratic dispersive couplings on optical squeezing in an optomechanical system [J].Phys. Rev. A,2015,92(3),033824-1-033824-8.

[163] DOBRINDT J M, WILSON-RAE I, KIPPENBERG T J.Silicon-based optical mirror coatings for ultrahigh precision metrology and sensing [J].Physical review letters,2018,120(26):263602-1-263602-6.

[164] 严晓波,杨柳,田雪冬,等.参量放大器腔中光力诱导透明与本征模劈裂性质[J].物理学报,60(20):192-197.

[165] DEJESUS E X, KAUFMAN C.Routh-Hurwitz criterion in the examination of eigenvalues of a system of nonlinear ordinary differential equations[J].Physical review A,1987,35(12):5288-5290.

[166] LV X Y, WU Y, JOHANSSON J R, et al.Squeezed optomechanics with phase-matched amplification and dissipation[J].Phys. Rev. Lett., 2015,114(9):93602-1-93602-6.

[167] ZHANG J S, LI M C, CHEN A X.Enhancing quadratic optomechanical coupling via a nonlinear medium and lasers[J].Phys. Rev. A,2019, 99(1):13843-1-13843-9.

[168] RIPS S, KIFFNER M, WILSON-RAE I, et al.Steady-state negative Wigner functions of nonlinear nanomechanical oscillators [J].New journal of physics,2012,14(2):023042-1-023042-13.

[169] LUDWIG M, MARQUARDT F.Quantum many-body dynamics in optomechanical arrays[J].Phys. Rev. Lett,2013,111(7):73603-1-73603-5.

[170] BUCHMANN L F, STAMPER-KURN D M.Nondegenerate multimode optomechanics[J].Phys. Rev. A,92(1):013851-1-013851-11.

[171] SHKARIN A B, FLOWERS-JACOBS N E, HOCH S W, et al.Optically mediated hybridization between two mechanical modes[J].Phys. Rev. Lett.,2014,112(1):13602-1-13602-5.

[172] CORTESE E, LAGOUDAKIS P G, DE LIBERATO S.Collective optomechanical effects in cavity quantum electrodynamics [J].Phys. Rev.

Lett.,2017,119(4),043604-1-043604-6.

［173］ HANY,CHENG J,ZHOU L.Pulse transmission and state conversion in two-mode optomechanical cavity coupled with atomic medium［J］. Int. J. Theor. Phys.,2014,53(8):2810-2818.

［174］ KIPF T,AGARLWAL G S.Superradiance and collective gain in multi-mode optomechanics［J］.Phys. Rev. A,2014,90(5):053808-1-053808-6.

附　录

附录1　主要符号表

符号	代表意义	国际制单位
T	时间	s
M	质量	kg
T	热力学温度	K
L	长度	m
p	动量	(kg·m)/s
$\wp$	功率	W
ν	频率	Hz

附录2　插图目录